人工智能基础教程

（任务式）

李新　杜少杰　主编

清华大学出版社

北京

内 容 简 介

本书围绕人工智能展开，系统地介绍了人工智能概述、生成式 AI、AI 与办公、AI 搜索以及 AI 辅助编程等内容。本书通过丰富的任务案例（如体验大模型功能、借助 AI 处理办公文档、AI 搜索大学体育活动设计的相关文献等）帮助读者在实践中掌握相关技能，并深入讲解了机器学习、强化学习等技术原理，以及大语言模型、AI 辅助编程等前沿应用。

本书既可作为高等职业院校信息技术通识课教材，也可作为人工智能技术应用相关专业的基础课教材，帮助学生了解人工智能领域的基本理论知识，提升其在 AI 技术方面的应用能力与实践水平。

图书在版编目（CIP）数据

人工智能基础教程 ：任务式 / 李新，杜少杰主编.
北京 ：清华大学出版社，2025.7. -- ISBN 978-7-302
-68512-8

Ⅰ. TP18

中国国家版本馆 CIP 数据核字第 2025C58J33 号

责任编辑：张　弛
封面设计：刘　键
责任校对：刘　静
责任印制：杨　艳

出版发行：清华大学出版社
　　　网　　　址：https://www.tup.com.cn，https://www.wqxuetang.com
　　　地　　　址：北京清华大学学研大厦 A 座　　　邮　　编：100084
　　　社　总　机：010-83470000　　　　　　　　邮　　购：010-62786544
　　　投稿与读者服务：010-62776969，c-service@tup.tsinghua.edu.cn
　　　质量反馈：010-62772015，zhiliang@tup.tsinghua.edu.cn
　　　课件下载：https://www.tup.com.cn，010-83470410
印　装　者：涿州汇美亿浓印刷有限公司
经　　销：全国新华书店
开　　本：185mm×260mm　　　印　张：12　　　字　　数：285 千字
版　　次：2025 年 7 月第 1 版　　　　　　印　次：2025 年 7 月第 1 次印刷
定　　价：49.00 元

产品编号：112065-01

编写委员会

主 编：

　　李　新　杜少杰

副主编：

　　王晓蓓　王雅玡　吴辛琼

编 委：

　　徐　燕　王肖凡　张　飞

　　杜建辉　黄　锦

前　言

自 2023 年起,人工智能领域迎来了爆发式发展,ChatGPT、豆包、通义千问和 DeepSeek 等优秀的大语言模型如雨后春笋般涌现。它们凭借强大的语言理解能力和海量的知识储备,极大地改变了人们的工作和生活方式,也为教育领域带来了新的机遇与挑战,促使教育形态重塑。在此形势下,开发"AI＋教育"的教材已成为教育发展的迫切需求,对培养适应时代发展的创新型人才具有重要意义。

回顾当前市场上的人工智能教材,主要存在两种类型。一类教材侧重于人工智能理论的讲授,由于人工智能理论往往较为抽象、复杂,在实际的高职教学过程中,学生理解困难,导致教学效果不佳。另一类教材则聚焦生成式人工智能的实践应用,例如 AI 生成图片、视频等内容。这类教材虽然具有一定的趣味性,但内容过于简单,许多操作学生通过短视频自学即可掌握,难以满足教学的深度和广度需求,无法真正实现育人目标。

鉴于此,本书旨在填补市场空白,打破现有教材的局限性。编者精心设计教材内容,将人工智能的基本理论与实际应用有机结合。一方面,讲解线性回归、Q-LEARNING 等重要的人工智能算法,为学生构建必备的理论基础;另一方面,详细介绍生成式人工智能在办公、检索和编程等领域的应用,让学生能够学以致用。通过这种理论与实践相结合的方式,帮助学生全面掌握人工智能知识与技能。

本书具有如下特点。

1. 坚持立德树人,弘扬正能量

从任务、习题的选取和设计,到知识点和技能点的讲授,本书内容将爱国强国、遵纪守法、文明诚信等立德树人元素有机融入各章,弘扬正能量,引导学生树立正确的人生观和价值观。例如,第 4 章"AI 检索"中任务 4-4 检索专升本高等数学复习资料,以参加专升本考试为例,引导学生度过阳光向上、积极进取的大学生活;第 3 章"AI 与办公"中任务 3-1"大模型辅助排版'我爱母亲河'",引导学生关注自然生态。

2. 任务式编排教材内容,践行先做后教的职教理念

本书以实际任务为驱动,将知识点巧妙融入各个任务中。每个模块都

设置了多个具体任务,如在"人工智能概述"模块中,通过"辨析常见应用的智能性""拟合商品数量与总价的对应关系"等任务,帮助学生在完成任务的过程中对理论知识有一个感性认识,降低理论学习的难度。这种编排方式不仅符合职业教育学生的认知特点,还能有效提升学生解决实际问题的能力,培养学生的实践动手能力和创新思维。

3. 紧跟技术发展,内容与时俱进

人工智能技术发展日新月异,为了让学生接触到前沿的知识和技术,本书在编写过程中紧密关注行业动态。及时将大语言模型、智能搜索、AI辅助编程等最新技术成果纳入教学内容,详细介绍了通义千问、豆包、DeepSeek等大语言模型的使用方法和性能特点,以及智能检索图片、文档和文献的做法。同时,本书还对 AI 辅助编程进行了深入讲解,让学生能够掌握最新的编程技术和工具,为未来的职业发展做好充分准备。

4. 注重实践操作,强化技能培养

本书强调实践操作的重要性,每个任务都配备了详细的操作步骤和实践案例,让学生在实践中巩固所学知识。例如,在"AI与办公"模块中,学生通过使用 WPS 的 AI 功能进行文档排版、表格处理和演示文稿制作,能够熟练掌握 AI 在办公领域的应用技巧;在"AI辅助编程"模块中,学生通过实际编写和运行 Python 程序,深入理解编程的基本概念和算法,提高编程能力。本书还设置了丰富的学以致用练习题和任务实践,帮助学生进一步提升实践技能。

本书由李新、杜少杰主编,王晓蓓、王雅玚、吴辛琼副主编。其中,李新确定了本书内容和编写体例,参与编写了模块 3;杜少杰参与确定本书编写体例,设计全文任务场景,编写模块 1,参与编写模块 2～模块 5;王晓蓓、黄锦参与编写模块 3;王雅玚、王肖凡参与编写模块 2 和模块 4;吴辛琼、张飞参与编写模块 2;徐燕、杜建辉参与编写模块 5。全书由杜少杰统稿,李新审读全书。

在本书编写过程中,我们参考了众多图书、学术论文以及知乎、百度文库、微博、B 站等社交平台的科普性文章和视频,在此向相关作者表示衷心的感谢。由于编者水平有限,书中难免存在不足之处,恳请专家和读者批评指正。希望本书能够为人工智能教育提供有益的参考,帮助学生更好地掌握人工智能技术,为未来的职业发展打下坚实的基础。

编　者

2025 年 2 月

教学课件　　　　　　职场应用实例　　　　　　专业拓展模块

目 录

模块 1　人工智能概述

任务 1-1　辨析常见应用的智能性

任务描述

　　张晓是某高职院校护理专业的学生,在生活中经常听到人工智能这个词,很多自媒体博主也宣称十年后 AI 将取代大量人类工作。张晓在对未来职业担忧的同时,也感到非常疑惑:计算机的功能已经很强大了,智能的程序又有什么特别之处呢? 张晓决定深入了解智能的内涵。

任务实现

　　(1) 分析下列机器(软件)是否具有智能性? 如果有,请说明智能性的具体表现。

　　① 化学软件 KingDraw 能将输入的结构简式显示为立体的球棍模型,如图 1-1 所示。

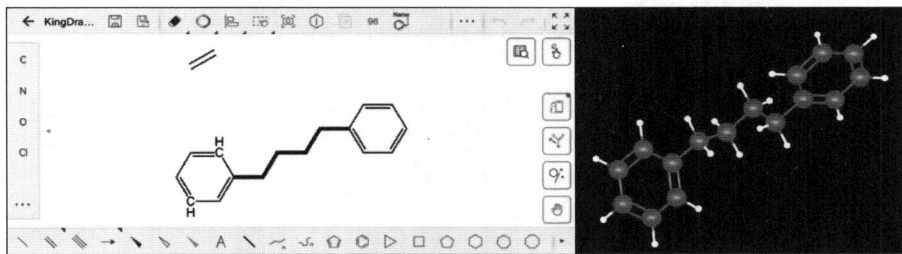

图 1-1　KingDraw 中的结构简式及其对应的立体模型

　　② 楼道里的声控灯感应到声音后,自动开灯。

　　③ 百度搜索引擎 0.1 秒内便能呈现海量搜索结果。

　　④ 煎饼果子机自动制作煎饼果子(扫码观看视频)

煎饼果子制作

　　(2) 图 1-2 中横坐标 x 表示父母平均身高,纵坐标 y 表示儿子身高,共有 30 组真实数据点,图中直线近似地表示二者的对应关系。当父母平均身高为 165 厘米时,儿子身高的真实值为_____,直线近似值为_____,直线的方程是_____; 图 1-3 是数据点增加到 50 组时的拟合情况,此时近似直线的方程是_____,

你觉得图 1-3____中的直线更为准确。

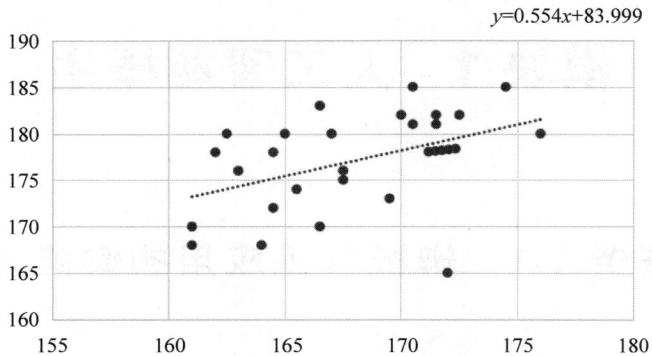

图 1-2　30 组数据的拟合直线

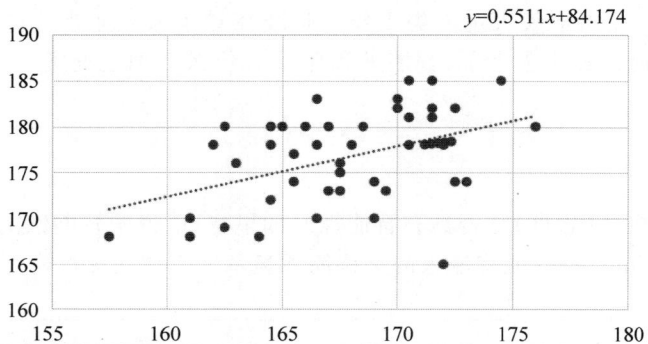

图 1-3　50 组数据的拟合直线

（3）音乐播放软件向用户推荐歌曲,有两种方法。方法 1 是根据_____进行推荐,比如用户听过"周杰伦"的歌,软件会推荐周杰伦的其他歌曲。方法 2 是根据用户的听歌行为进行推荐,除了搜索记录、黑名单等听歌行为外,还包括：①_____；②_____；③_____。

（4）图像在机器内部存储为一串数字,这串数字表示了图像中每个像素点的颜色和亮度信息。图 1-4 展示了苹果图片及其在机器内部对应的数字序列(仅作模拟示意),以下操作你认为_____技术最为复杂。

① 提升图片亮度,相当于每个数字增加一个正数。

② 识别出这是一个苹果,需要从这些数字中提取出边缘、红色区域及其他特征,进而确定这些特征组合成的形状是苹果。

③ 图片换背景,相当于每个数字按照公式 $R = R_1 \times A + R_2 \times (1-A)$ 进行运算。

④ 图片比对,即比较两串数字序列是否相同或相近。

（5）某商家宣称的一款智能语音灯,实际使用时却只能识别普通话"请开灯"这一指令。你认为一款名副其实的智能语音灯,还应能听懂哪些开灯指令?

①_____；②_____；

③_____；④_____。

235184736458291347856234895734856231478563248562314789563214
324856231478563248563248957324856324856314785632485623147856
563248562314785632485632489573248563248563147856324856231478
785632485623147856324856324895732485632485631478563248562314
147856324856231478563248563248957324856324856314785632485623
631478563248562314785632485632489573248563248563147856324856
856314785632485623147856324856324895732485632485631478563248
248563147856324856231478563248563248957324856324856314785632
314785632485623147856324856231478563248563248957324856314785
856324856314785632485623147856324856324895732485632485631478
248563248563147856324856231478563248563248957324856324856314
732485632485631478563248562314785632485632489573248563248563
957324856324856314785632485623147856324856324895732485632485
489573248563248563147856324856231478563248563248957324856324
324895732485632485631478563248562314785632485632489573248563

图 1-4　苹果图片及其在机器内部的数字序列

(6)请列举三个你所知晓或亲身体验过的人工智能具体应用实例,要求必须具体到某一产品或场景,像自动驾驶汽车,而非像智慧交通这类较为宏观的概念。

①＿＿＿＿＿＿＿；②＿＿＿＿＿＿＿＿；③＿＿＿＿＿＿＿。

(7)随着人工智能技术的不断发展,你觉得人工智能带给社会的正面影响和负面影响有什么?

正面影响:①＿＿＿＿＿＿＿＿；②＿＿＿＿＿＿＿＿。

负面影响:①＿＿＿＿＿＿＿＿；②＿＿＿＿＿＿＿＿。

(8)你的专业对口就业岗位是什么? 该岗位的工作能否在不久的将来被人工智能代替?

＿＿＿＿＿＿＿＿＿＿＿＿＿＿＿＿＿＿＿＿＿＿＿＿＿＿＿＿＿＿＿＿＿＿

知识点

人工智能的特点

一、人工智能

人工智能(Artificial Intelligence,AI)又称机器智能。机器如计算机、手机、洗衣机、自动取款机等,每种机器都有其独特的功能,有些功能在人类看起来是非常神奇的,例如,计算机中的文档处理软件,在 300 多页的文档中查找"健康",用时不足 1 秒;视频制作软件能够制作逼真、宏大的战争场面;楼道的声控灯,有声音时能自动打开,声音消失则自动关闭。但这些都不是智能的表现,就好像成人都能学会 1＋1＝2 一样,可以说是本能。

为了更好地理解机器的智能,首先需弄清楚机器的基本功能。

(一)机器的基本功能

1.接收外界信息

机器都有输入设备,以便输入外界信息。计算机的键盘和鼠标、手机和平板电脑的触摸屏等都是常见的输入设备。键盘可以输入数字和文字,操作鼠标或触摸屏幕可以在不同

什么是
人工智能

3

的程序中形成特定输入,比如任务 1-1 中的化学软件 KingDraw 能输入结构简式、画图软件能绘制各种图形等。

有些机器通过传感器输入外界信息。摄像头采集视觉影像、麦克风捕捉声音、温度传感器感应环境温度(图 1-5)、光敏传感器检测光线强度(图 1-6)、车载导航的定位装置获取位置信息(图 1-7)等,这些传感器将不同形式的外界信息转换成数字形式,以便用于机器的后续处理。

图 1-5 土壤温度传感器	图 1-6 光敏传感器	图 1-7 北斗定位模块

2. 按照预定规则处理信息

机器接收输入的信息,按照预定的规则进行处理,并输出处理结果。QQ 音乐播放歌曲时,根据设定的流程,加载音乐文件、启动扬声器、显示播放画面。任务 1-1 中化学软件 KingDraw 接收输入的结构简式,通过固定算法对结构简式进行立体处理并输出。

3. 计算能力强

计算机完成的任何一个任务都是一个计算任务,比如编辑文档、播放音乐、处理图片和视频等。计算机拥有强大的计算能力,使其可以在瞬间完成人类需要长时间才能完成的任务。百度搜索引擎能够在 0.1 秒内完成上万张网页搜索、全国人口数据库能够快速查找某个人、Word 文档的"查找替换"功能能够瞬间在上百页的文档中找到某个词。

4. 预设工作流程

有些计算机外接机械装置,对外界信息处理完毕后,自动启动机械装置,按照预设的工作流程,实现自动化操作。自动售货机,顾客正确付款后,电机运转带动出货轨道上的隔板移动,将所选商品推送至出货口。自动取款机,身份验证无误后,启动机械抓手,从现金储存箱中抓取对应面额的钞票,再经出钞口送出。自动煎饼果子机,顾客在触摸屏上选定后,自动启动面糊挤出装置、旋转刮板、打蛋机械臂等,完成煎饼果子的制作。

(二) 机器的智能性

机器能够接收光线、温度、图像等外界信息,能够按照预定程序快速完成任务,能够自动化地完成工作流程,这些都不是智能,而是本能。机器的智能是指机器展现出类似人类的学习、推理、决策、语言表达等智能行为。具体地说,机器智能表现在从数据中学习规律、根据环境变化灵活决策、识别图像和语音、理解人类语言四个方面。为了便于表述,我们将不具备智能的机器称为普通机器,将有智能的机器称为智能机器。

1. 学习与适应

学习是指从数据中总结归纳出规律或规则,适应是指随着数据量的增多,不断修订完善规则。任务 1-1 中,从 30 组父母平均身高和儿子身高的数据中,得到二者的关系函数(直线方程),这个过程叫作学习,这个关系函数就是数据中隐含的规律。数据增加到 50 组时,为了适应新数据,关系函数也会变化。

如果一个程序使用身高遗传公式 $y=x+6.5\text{cm}$(x 是父母平均身高)来预测儿子的身高,则这个程序是普通程序,因为这个公式是固定的。如果一个程序从父母和儿子身高数据中学习得到二者的关系函数,并且不断调整关系函数以适应更多的数据,那么这个程序就是智能程序,因为具备了人工智能的学习和适应特征。

普通程序与智能程序的工作流程如图 1-8 和图 1-9 所示。

图 1-8 普通程序的工作流程

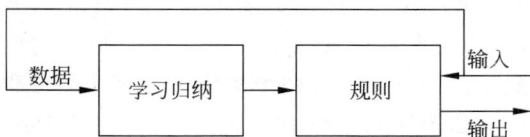

图 1-9 智能程序的工作流程

2. 灵活决策

灵活决策是指根据情况的变化做出合适的判断。以服装销售员为例,能根据顾客的性别、年龄、穿衣风格来推荐服装的销售员,比那些仅根据性别来推荐服装的销售员,更有智慧。任务 1-1 中的音乐播放软件,如果仅能根据用户搜索过的歌手名,或者用户听过的歌手名来推荐歌曲,就是一个普通软件。如果能够根据用户的歌单里的歌曲、黑名单中的歌曲、循环播放的歌曲、单曲循环的歌曲等多种听歌行为进行推荐,才能算作一个智能软件。

进行灵活决策时,不仅综合多种信息源,而且依据最新的信息做出决策。

3. 模式识别

模式识别主要涵盖图像识别、语音识别和手写体识别这三个方面。图像识别是让机器能够理解图片或视频中呈现的是什么物体、场景或人物等信息,例如常见的识物软件以及人脸识别应用等均属于图像识别范畴;语音识别是对音频中的文字内容、音色等信息进行识别,如微信中的语音输入功能,能够将语音转换为文字,如图 1-10 所示;手写体识别则是识别图片中的手写文字,像微信里的图片转文字功能便是典型应用,如图 1-11 所示(其中含有识别错的字)。

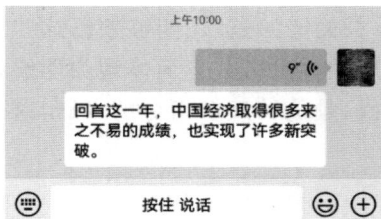

图 1-10 语音转文字

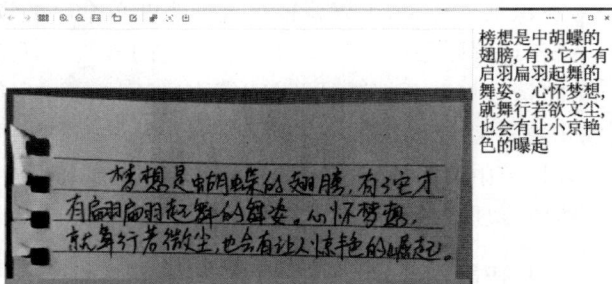

图 1-11 手写文字识别

识别图像的内容、辨别音频的语句、判读手写文字,这些对于人类而言,似乎是一种本能。然而对于机器来讲,却极具挑战性。这是因为在机器的信息处理体系中,图片与音频都表示为一串数字。下面以图像识别为例详细阐释。

任务 1-1 中苹果图片在机器内部是数字序列。这些数字表示了苹果图片中每个点的颜色、亮度等信息,要从这些数字信息里解读出图像所代表的实际意义,难度很大。不少人可能会疑惑,机器在处理图片方面不是表现得很出色吗?像美图秀秀这类图像处理软件,可以进行换背景、去水印、调整色彩和亮度等操作。实际上,图像处理与图像识别全然不同。图像处理本质上属于计算,例如对图像进行亮度提升、背景替换等操作,只是依据既定算法对代表图像的数字进行数学运算与转换,这恰好是机器擅长的计算领域。

也有人可能会想到,用一串数字代表苹果图片,然后将其他图像的数字序列与之对比来判断是否为苹果,这在实际中是不可行的。例如,同一颗苹果在不同光照条件下拍摄的照片,尽管在人眼中看起来几乎一样,但在机器内部存储的数字序列可能会有很大不同。这种变化使得直接比较两个图像的数字序列变得不可靠,无法准确识别物体。如果样本图片与识别的图片采集环境相同,可以通过比对的方式进行识别,比如指纹锁。指纹锁使用时,指纹的采集环境基本一致,手指接触传感器来获取清晰的指纹图像,使得每次使用时能够获得相似的指纹数据,再通过复杂的算法对这些指纹特征进行比对,从而实现精确识别。

图像识别能够在强光、弱光、远处、近处、正面、侧面等各种不同条件下准确识别出图像中的物品;语音识别可以在商场、车站等嘈杂环境中,或是对方言、不同语速等表达时识别出文字内容;手写体识别在面对大字、小字、连笔字、笔画省略字等多样书写形式时都能准确辨别出文字。这些成果的取得均是人工智能技术历经多年发展的结晶,凝聚着众多科研人员的智慧与努力。

4. 自然语言理解

自然语言理解包括语义理解和情感分析两个方面。语义理解是指解析文本所蕴含的意义,如概括一段文本的核心要义或者评判一篇作文的写作水准等。情感分析是识别文本中蕴含的各类情感倾向,积极、消极、幽默、讽刺等。

文字是语言理解的基础。目前很多软件均可对文字进行处理操作,诸如办公软件中的文字录入、文字检索等。以百度搜索为例,用户输入关键词后,其反馈的检索结果不仅涵盖所输入的关键词本身,还囊括与之同义的词汇。此类操作大多是从文字匹配角度出发,单纯比对文字形式是否一致或同义,并未探究文字的内在含义。

有的读者可能会混淆语言理解和语音识别。语音识别侧重于识别一段语音所对应的文字,在识别过程中,不仅要依据音调判断单个字的读音,还需充分考量词组搭配等语言规则。语言理解则是侧重于理解文字表达的含义。任务 1-1 中的智能灯,能够从语音中识别出诸如"请开灯""开灯""打开灯"等多种不同的文字组合,更关键的是,还能够领悟这些看似各异的文字组合实则表达着同一语义诉求。智能语音灯的智能性,一方面体现为能够辨别语音指令中的文字,这是语音识别层面的能力;另一方面,是能够理解指令的内涵,这便是自然语言理解的范畴。

二、人工智能的应用现状

在我们的生活中有很多人工智能的实际应用,微信的语音转文字、五子棋人机对弈、淘宝的"猜你喜欢"、自动驾驶、智能导航等,除了我们身边的应用,人工智能还应用在很多行业和领域。

（一）商业领域的智能推荐

智能推荐系统能根据用户的个人喜好精准推荐适合的内容,无论是在线购物、音乐播放还是视频观看。智能推荐系统通过收集和分析用户的个人信息,如年龄、性别,以及用户的历史行为数据,例如曾经浏览过的页面、购买过的商品等,来理解用户的偏好。

智能推荐系统的广泛应用,极大地提升了用户体验。它不仅让每位用户都能接收到个性化的内容,增强了用户对平台的黏性,还促使用户更频繁地参与和消费,有效提升了用户留存率,促进了商品销售额的增加。智能推荐系统通过智能化的手段,实现了用户需求与内容供给的精准匹配,推动了互联网产业的蓬勃发展。

（二）医疗保健领域

人工智能在医疗保健领域的应用包括疾病诊断、药物研发和健康监测。在疾病诊断方面,使用计算机视觉技术对 X 光片、CT 片等医学影像数据进行分析,辅助医生发现细微的病变和异常,提高诊断的准确性和效率。

在健康监测方面,借助可穿戴设备收集生命体征数据,如心率、血压、睡眠质量等,通过机器学习算法对数据进行分析和预测,一旦发现异常及时发出预警,实现疾病的早期干预和预防。

在药品研发方面,整合海量的药物分子结构、生物活性数据、临床试验结果等信息,通过深度学习算法对这些数据进行挖掘和建模。一旦发现具有潜在治疗效果的药物分子结构或组合,迅速进行筛选和验证,实现更高效的药物研发和更精准的药物设计,从而缩短研发周期,降低研发成本,提高新药的成功率。

（三）交通运输领域

人工智能在交通领域的应用包括交通优化、交通违章监测、自动驾驶等。在交通优化方面,依靠道路传感器和卫星定位系统获取实时交通流量数据,如车流量、车速、道路拥堵状况等,通过智能算法对这些数据进行计算和规划,一旦发现交通拥堵路段,迅速制定并实施优化方案,实现道路资源的高效利用和交通的顺畅通行。

在交通违章监测方面,借助高清摄像头采集道路图像信息,如车辆行驶轨迹、车牌号码、驾驶员行为等,通过图像识别技术对画面进行检测和判断,一旦识别出违章行为,即刻发出警报并记录相关证据,实现交通秩序的严格规范和道路安全的有效保障。

在自动驾驶方面,利用车载传感器和雷达收集周边环境数据,如道路状况、障碍物位置、其他车辆和行人的动态等,通过深度学习算法对这些信息进行分析和决策,一旦面临复杂路况,及时做出准确的驾驶操作,实现安全可靠的自主驾驶和出行的便捷舒适。

三、人工智能带来的影响

（一）人工智能的机遇与挑战

随着人工智能在各个领域的广泛应用,其对社会和经济的影响日益显著。AI 不仅提升了商业、医疗、交通等行业的效率和服务质量,还催生了新的商业模式和技术革新。智能推荐系统让用户体验更加个性化,医疗诊断工具提高了疾病检测的准确性,自动驾驶技术有望彻底改变交通运输方式。此外,AI 还在环境保护、教育、公共安全等多个领域展现出巨大潜力,推动了社会的进步和发展。

然而,AI 的发展也带来了挑战。自动化可能导致部分传统工作岗位的减少,尤其是在制造业和服务业。同时,数据隐私、算法偏见和伦理问题也引发了广泛关注。为了应对这些挑战,社会各界需要共同努力,制定合理的政策和法规,确保 AI 技术的安全、透明和公平使用。

(二)应对人工智能的正确态度

面对 AI 的快速发展,青年学生应保持开放和理性的态度。

1. 加强学习

积极学习 AI 的基本原理、技术应用和发展趋势,熟练掌握与 AI 相关的数字工具和技术,如编程语言、数据分析软件等,提高自身在数字领域的操作能力和创新能力。同时利用 AI 的发展机遇,思考将 AI 技术与自己的专业领域相结合,创造出更多有价值的应用和解决方案,为社会发展贡献智慧。

2. 寻求转型

密切关注 AI 技术推动下的行业变革和职业发展趋势,了解哪些传统职业可能受到冲击,哪些新兴职业将迎来发展机遇,及时调整自己的学习和职业规划方向。注重培养自己的沟通能力、团队协作能力、问题解决能力、批判性思维和适应能力等软技能,这些技能是在与 AI 协同工作中不可或缺的。

3. 不过分依赖 AI

在使用 AI 工具和技术时,应保持独立思考能力,不盲目接受 AI 给出的结果和建议,而是运用自己的知识和判断力进行分析和评估,确保决策和行动的合理性与正确性。同时应认识到 AI 技术还存在一定的局限性,不能将 AI 视为万能的工具,要在充分发挥其优势的同时,避免因其局限性而带来的风险和问题。

4. 警惕 AI 诈骗

在使用 AI 技术时,遵循道德原则,保持诚信和责任感,不利用 AI 进行欺诈、造谣、诽谤等不道德行为,积极传播正能量,为营造健康、和谐的网络环境和社会环境贡献力量。比如,不使用 AI 生成虚假新闻或恶意诋毁他人的内容,不利用 AI 技术进行网络诈骗等违法犯罪活动。

学 以 致 用

一、辨析题

辨析下列应用是否具有智能性,如果有,其智能性表现在哪些方面。

(1)家用指纹锁:_____。

(2)车载导航:_____。

(3)预定造型的无人机编队表演:_____。

(4)扫地机器人:_____。

（5）手写作文自动识别与评分：_____。

（6）共享单车根据骑行里程计算费用：_____。

（7）苹果采摘机自动采摘已经成熟的苹果：_____。

二、体验人工智能的实际应用

（1）小红书、抖音等短视频社交平台有很多视频是 AI 配音的，逼真的效果让人很难辨别。请扫码收听下面四段音频，判断是否为 AI 配音并说出你的理由。

（2）当我们遇到不认识的物品时，识物软件常常能提供很大的帮助。请利用识物软件识别周围环境中的三种不同物品，并尝试从多个角度拍摄照片，以测试其识别的准确性。记录该识物软件的名字以及你的使用心得。

任务 1-2　拟合商品数量与总价的对应关系

任务描述

在医院实习期间，张晓亲眼看见了神奇的图像识别技术快速检测出病灶的位置和大小，为医生的诊断提供有力的支持。这一切让张晓感到非常震撼，她很好奇人工智能是如何做到这一点的，张晓决定了解一下人工智能的相关算法。

任务实现

（1）表 1-1 中有 4 列数据，如果将第 1、第 2 和第 3 列作为条件列，那么第 4 列可以称为_____列，该列与前三列之间存在_____关系。

表 1-1　不同天气下的环境参数与野餐适宜性

天　　气	气温/℃	风速/(km/h)	适 合 野 餐
晴	25	10	是
阴	20	5	是
雨	18	15	否
晴	30	8	是
雷阵雨	22	20	否

（2）要预测学生的期末考试成绩,除了参考期中考试成绩,_____和_____等在线学习记录也可以作为参考依据。

（3）有 10 组表示商品数量和总价的数据,其散点图如图 1-12 所示,这些数据点连接起来恰好是一条直线,如图 1-13 所示。可以用这条直线的函数式_____表示商品数和总价的对应关系,其中自变量 x 表示_____,因变量 y 表示_____。按照这个函数,商品数 $x=15$ 时,总价 $y=$_____。

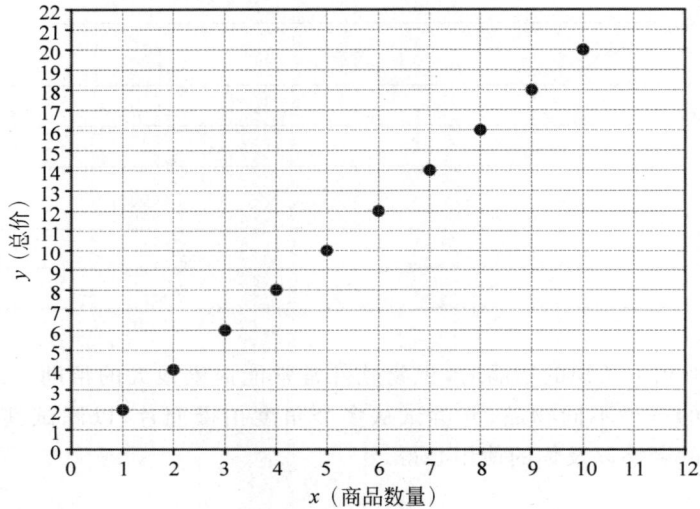

图 1-12　10 组商品数据的散点图

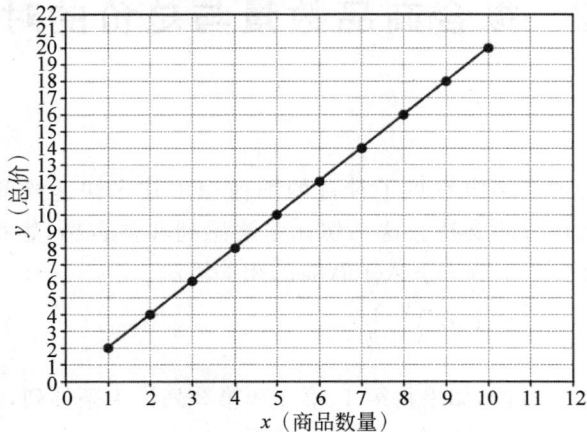

图 1-13　散点连接成直线

（4）另有 10 组商品数据，其散点连接起来不是一条直线，而是折线，如图 1-14 所示。此时可以用一条直线近似地表示商品数与总价的对应关系，如图 1-15 所示，这条直线的函数式为 $y=1.83x-0.66$。当 $x=9$ 时，真实值是 _____，直线近似值是 _____，误差是 _____。如果我们将这条直线称为拟合直线，那么直线对应的函数可以称为 _____。按照这个函数，商品数 $x=15$ 时，总价 $y=$ _____。

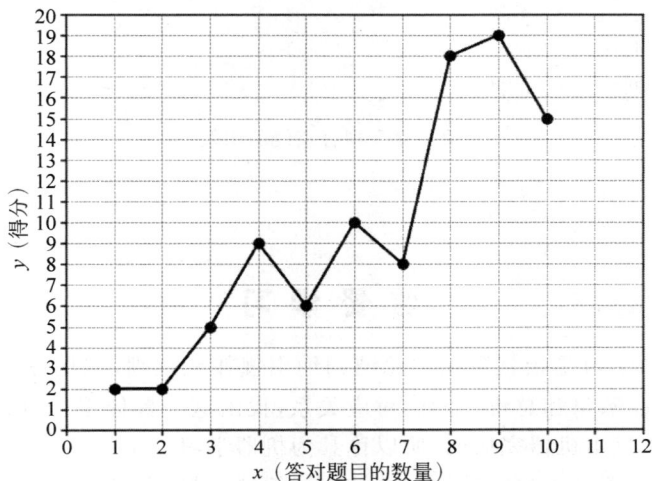

图 1-14 散点连接成折线

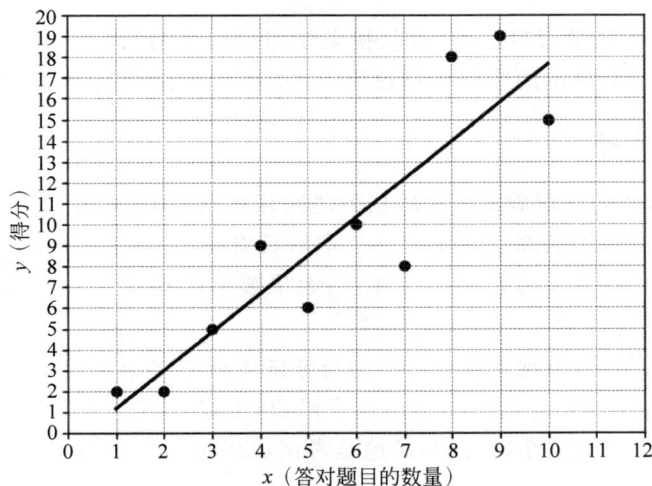

图 1-15 散点拟合直线

（5）图 1-16 中数据 $(4,9)$、$(5,6)$、$(6,10)$、$(7,8)$ 到直线①的距离分别是 _____、_____、_____、_____，到直线②的距离分别是 _____、_____、_____、_____。将每个距离平方后再相加，4 个数据点到直线①的距离的平方和是 _____，到直线②的距离的平方和是 _____。如果从直线①和直线②中选择一条直线作为 4 个数据点的拟合直线，则直线 _____ 更为适合，因为 _____。

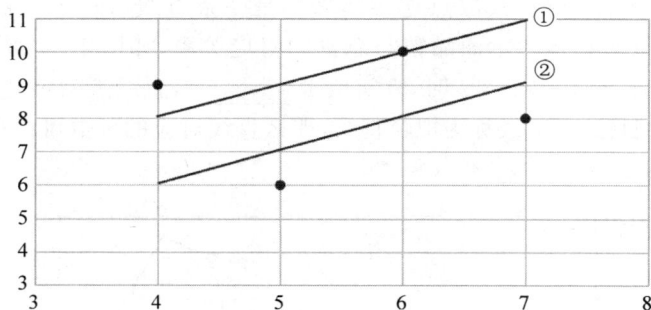

图 1-16　拟合直线的比较

知 识 点

监 督 学 习

　　前面已经讲过,学习是指从数据中总结归纳出规律或规则,在任务 1-2 中,我们用一条直线近似地表示商品数量和总价之间的对应关系,找出这条最佳拟合直线的过程就是一种学习,这个学习过程是由机器完成的,所以称其为机器学习。

　　机器学习是指机器从大量的数据中总结出规律或规则,包括一系列的数学算法。将这些算法编写成程序后,机器执行这些程序,自动地从已有数据中发现隐含的规律,并应用这些规律去处理新数据。

　　根据数据的特性和学习目标的不同,机器学习可以分为监督学习、无监督学习和强化学习。每种类型都有其特定的应用场景和相应的算法。下面首先学习监督学习。

一、什么是监督学习

　　在任务 1-2 中,我们知道数据表的数据列之间存在因果关系,比如表 1-1 中的野营适宜性和天气数据之间的因果关系。再如表 1-2 中的日常学习行为数据和考试成绩的对应关系,考试成绩是结果,日常学习行为是条件,在大量数据的基础上,通过机器学习找出条件与结果的对应关系,这种学习就是监督学习。

　　例如,通过机器学习,发现日常学习行为与考试成绩之间的对应关系,可以表示为函数 $y = \omega_1 x_1 + \omega_2 x_2 + \omega_3 x_3 + \omega_4 x_4 + b$,使用这个函数,可以根据一个学生的日常学习行为数据预测他的考试成绩。在这个例子中,结论是考试成绩是一个数值。也可以用等级作为结论,如表 1-3 所示。

　　表 1-2 和表 1-3 都是日常学习行为数据与考试成绩的对应关系,但是成绩的表示方式不同,在学习特征与标签的规律时,需采用不同的监督学习算法。

表 1-2　日常学习行为数据与考试成绩的对应关系 1

序号	作业完成情况/%	平时测验成绩	每天学习时长/时	参与讨论次数	考试成绩
1	95	90	3.5	12	92
2	80	75	2.5	8	81

序号	作业完成情况/%	平时测验成绩	每天学习时长/时	参与讨论次数	考试成绩
3	70	60	2	6	65
4	90	80	3	10	84
5	60	50	1.5	4	60
6	85	82	3	9	82
7	75	68	2.2	7	70
8	98	92	4	14	95
9	50	40	1	3	50
10	88	85	3.2	11	84

表 1-3　日常学习行为数据与考试成绩的对应关系 2

序号	作业完成情况/%	平时测验成绩	每天学习时长/时	参与讨论次数	考试成绩
1	95	90	3.5	12	优秀
2	80	75	2.5	8	良好
3	70	60	2	6	中等
4	90	80	3	10	良好
5	60	50	1.5	4	及格
6	85	82	3	9	良好
7	75	68	2.2	7	中等
8	98	92	4	14	优秀
9	50	40	1	3	不及格

二、监督学习的常用算法

监督学习的核心是通过已有数据训练模型,让机器自动发现规律并预测新数据的结果,常见的算法有线性回归、逻辑回归和 k-NN 算法。

(一)线性回归

线性回归是最基础的一种,它通过寻找一条最佳拟合直线来描述输入和输出之间的线性关系。例如,在任务 1-2 中,虽然图 1-14 的 10 组商品数据点连接成折线,但我们使用线性回归算法找到了一条最佳拟合直线,即图 1-15 中的直线。根据这条直线的函数式,我们可以计算新数据的值。这种方法常用于预测连续数值,如房价或考试成绩。

那么读者可能会好奇,线性回归是如何找到最佳拟合直线的呢? 首先,算法会随机给出一条直线,即随机指定这条直线的斜率(ω)和截距(b),然后计算所有数据点到这条直线的垂直距离(即误差),然后将这些距离平方后并相加,得到一个总误差值。通过不断调整直线的斜率（ω）和截距（b），最终找到使总误差最小的那条直线，这就是最小二乘法。这个过程体现了最小化误差的核心思想，最终得到的直线能较好地反映商品数量与总价的整体趋势。

线性回归适用于预测连续数值，比如表 1-2 中，表示结论的考试成绩是一个连续值，可以使用线性回归法。与考试成绩相关的日常学习行为数据有四个，而不是一个，此时线性回归扩展为多元线性回归，使用超平面来表示多个输入与输出的线性关系，而不是一条直线。

（二）逻辑回归

在表 1-3 中，如果考试成绩用"优秀""良好""及格"等级表示（而非具体分数），此时问题就变成了分类问题，而非连续数值的预测。例如，我们可能需要判断一个成绩属于哪个成绩等级。这种情况下，线性回归不再适用，因为它的输出是连续数值（如分数），而我们需要输出的是类别概率（如"优秀"的概率）。此时可以使用逻辑回归算法。

它的核心思想是将线性回归的结果通过一个 S 形函数（Sigmoid 函数）映射到 0 到 1，表示属于某一类的概率。例如，根据学生的在线学习时长和作业完成率，使用以下公式计算其成绩达到"优秀"等级的概率，若概率超过 0.5，则判定为"优秀"，否则为其他等级。

$$P(优秀) = \frac{1}{1 + e^{-(\omega_1 x_1 + \omega_2 x_{21} + b)}}$$

逻辑回归算法的步骤如下。

（1）初始化参数：在逻辑回归里要给模型的参数，也就是前面提到的斜率和截距，先随便赋个初始值。就好像我们要去一个地方，先随便选个出发的方向和速度一样，这些初始值不一定对，但没关系，我们后面会调整。

（2）计算预测值：根据输入的特征数据和初始的斜率、截距，模型会算出一个预测值，这个值可以理解为属于某一类别的可能性。比如预测一个人购买商品的可能性有多大，这个可能性是一个 0 到 1 的数字。

（3）计算损失：把模型预测出来的值和实际的真实值（就是我们已经知道的这个人到底买没买商品）进行比较，看看差距有多大，这个差距就是损失。我们的目标就是让这个损失越小越好。

（4）调整参数：根据损失的大小，来调整斜率和截距的值。如果预测得太离谱，就把参数调整得大一些；如果预测得还比较接近，就调整得小一些。这个调整的过程就像是我们在走路，根据离目标的远近，调整自己的步伐大小和方向。

（5）重复迭代：不断重复上面计算预测值、计算损失、调整参数的步骤，直到损失小到我们可以接受的程度，或者达到了我们预先设定的迭代次数。

三、监督学习的实际应用

监督学习的应用几乎无处不在。在医疗领域，医生可以通过患者的年龄、血糖、血压等数据，用逻辑回归模型预测糖尿病风险；在金融领域，银行利用客户的收入、信用记录等特征,通过线性回归评估贷款还款能力,或用逻辑回归判断违约概率;在电商领域,平台根据用户的浏览和购买历史,使用 k-近邻算法推荐相似用户喜欢的商品。例如,当你在网上浏览了一款运动鞋,系统会自动推荐其他用户购买过的配套运动袜或护具。

📖 **学以致用**

一、设计房价预测模型

某房地产公司希望建立房价预测模型,收集的房屋原始数据有:①房屋面积;②卧室数量;③浴室数量;④房龄;⑤所在区域;⑥是否带车库;⑦销售价额。请回答:

(1) 房价预测问题属于监督学习中的哪类问题?

_____

(2) 哪些数据项应作为特征项和标签?

_____

(3) 根据所学内容,应选择哪种监督学习算法?请分析原因。

_____

二、分析宠物智能项圈中的监督学习

某公司开发的宠物智能项圈能监测宠物每日运动的距离、睡眠时长、进食频率等信息,并据此估算宠物每日消耗的卡路里以及判断宠物健康状态。请回答:

(1) 两个功能对应的输出数据类型有何本质区别?

_____

(2) 若用监督学习实现,需要给训练数据添加什么关键信息?

_____

(3) 分别说明适合这两个功能的算法及原因。

_____

任务 1-3　根据借阅数据对读者分类

✏️ **任务描述**

张晓学习了监督学习的线性回归等算法后,对人工智能的学习特征有了更深刻的理解,虽然那些数学公式晦涩难懂,但是学会了让人很有成就感。张晓决定继续了解非监督学习。

💎 **任务实现**

(1) 图 1-17 是一组图书借阅数据,表示一年内 14 名读者的借阅总次数和单次借阅的平均图书数量,现在根据借阅数据将 14 名读者分为休闲型、适度型、活跃型三个类型。我们随机指定了三个点分别作为三个类型的类中心点,如图 1-18 中的"×"。数据点(8,3)到三个类中心点的距离分别是_____、_____、_____,由此可判断该数据点属于_____型,理由是_____。

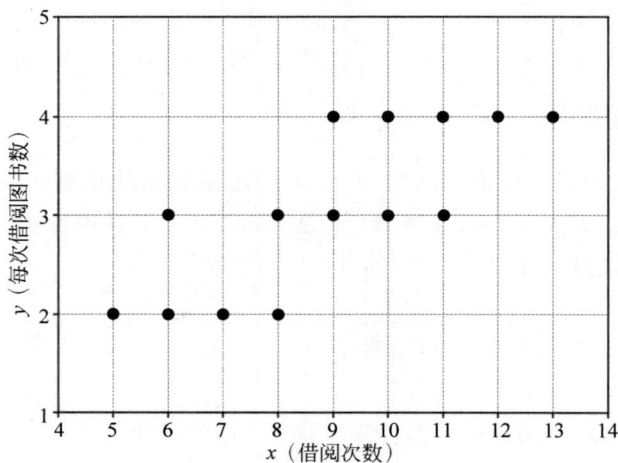

图 1-17　一组图书借阅数据散点图

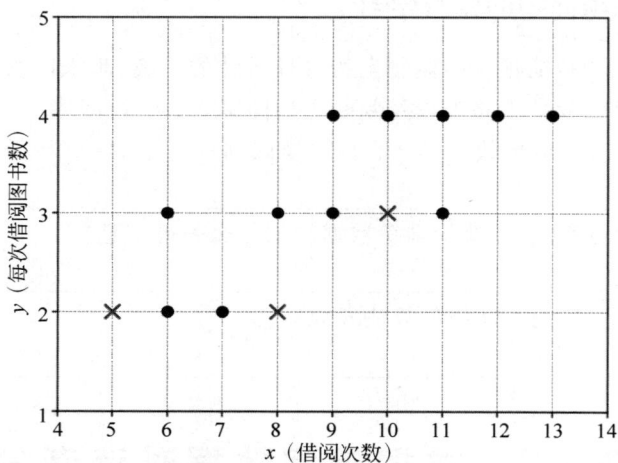

图 1-18　指定三个类中心点

(2) 根据数据点到中心点的距离,对 14 个数据点进行分类,分类结果如图 1-19 所示,此时三个类型的平均借阅次数和每次平均借阅图书数分别是(_____,_____)(_____,_____)(_____,_____),请在图中画出这三个点。我们以这三个点作为新的类中心点,再次根据每个点到类中心点的距离进行分类,多次迭代后,最终的类中心点和分类结果如图 1-20 所示,可以看出数据点(举一个例子)(_____,_____)的类别发生了变化。

(3) 有一个新读者的借阅数据为(8,6),你将如何确定这个读者的类型?

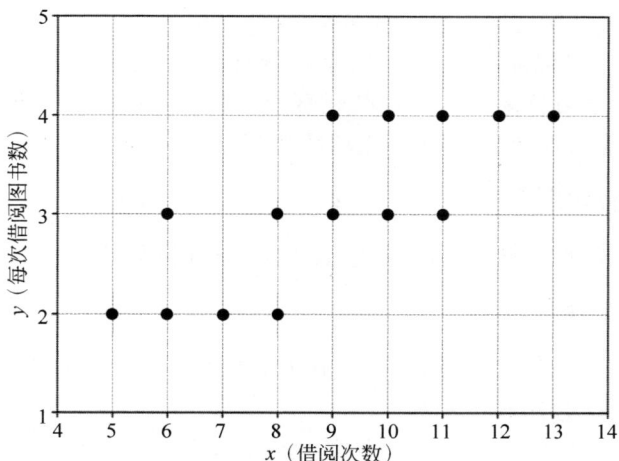

图 1-19   第 1 次分类结果

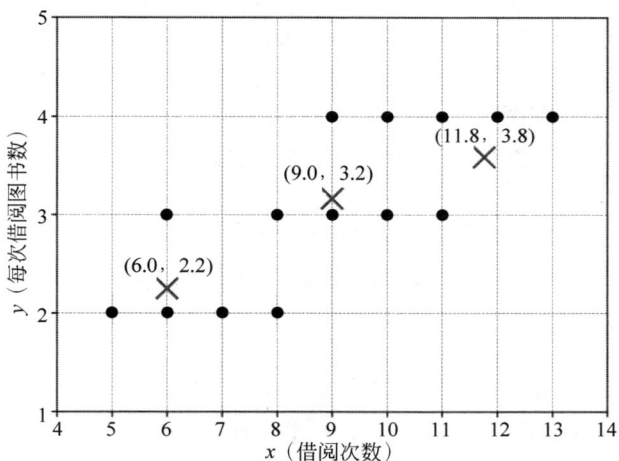

图 1-20   最终分类结果

知 识 点

非监督学习

通过前面的学习,我们知道监督学习是找到特征与标签的关系,监督学习要求数据必须带有标签。这对数据收集是比较难的事情,当我们要找到一组无标签数据的规律时,就要使用非监督学习。下面介绍非监督学习。

一、什么是非监督学习

与监督学习不同,非监督学习的任务是从没有标签的数据中发现隐藏的规律或结构。例如,在任务 1-3 中,只有读者的借阅次数和平均借阅数量,但没有事先告诉算法哪些读者属于“休闲型”“适度型”或“活跃型”。非监督学习的目标是通过数据本身的分布,自动将相

17

似的读者归为一类,或者发现数据中的潜在模式。

例如,假设你有一筐混在一起的积木,形状、颜色各不相同,但没有任何标签说明它们属于哪一类。非监督学习就像让机器自己观察积木的特点(如颜色相近、形状相似),将它们分成几组,最终可能发现"红色方块""蓝色圆柱"等自然类别。

二、非监督学习的常用算法

非监督学习的常用算法有 K 均值聚类(K-Means)、层次聚类、主成分分析(PCA)。

(一)K-Means 算法

K-Means 算法用于分类任务,例如在任务 1-3 中对读者分类即使用了 K-Means 算法。其步骤可以形象地概括为分组的过程。

(1)选组长:先随机指定几个"组长"(类中心点),比如任务中指定的三个红色×点,分别代表休闲型、适度型、活跃型的初始中心。

(2)分组:计算每个读者(数据点)到各个"组长"的距离,将其分到最近的组。例如,数据点(8,3)到三个中心的距离分别为 5、3、7,因此它属于距离最近的适度型。

(3)重新选组长:根据当前分组成员,计算每组的平均借阅次数和平均借阅数量,更新"组长"的位置(如图 1-19 到图 1-20 的迭代过程)。

(4)重复分组:不断调整"组长"位置并重新分组,直到"组长"的位置不再明显变化,分类结果稳定下来。

在任务中,经过多次迭代后,某个数据点(如原属休闲型的读者)可能因为组长的位置移动而被重新分到活跃型。这种动态调整的过程,正是机器在"自学"如何更好地分组。

(二)主成分分析(PCA)

主成分分析(PCA)算法将高维数据(如多个特征)压缩到低维,便于可视化或去噪。例如,将学生的各科成绩简化为"综合学习能力"和"偏科程度"两个维度。想象一下,把这些学生的成绩数据看作一群在空间里乱飞的点,每个点代表一个学生的所有科目成绩。PCA就像是在找一个方向,让这些点在这个方向上的分布最分散。这个方向就是第一个主成分,它能最大限度地反映出这些数据的差异。比如说,可能发现大部分学生的数学和物理成绩之间有很强的关联,它们的变化趋势很相似,那么这两个科目成绩组合起来可能就是一个主成分的方向,沿着这个方向,学生们的成绩差异能体现得最明显。

三、非监督学习的实际应用

非监督学习的应用同样十分广泛。在电商领域,平台凭借用户的购买记录、浏览时长等数据,运用聚类算法将用户分为不同类型,比如将经常购买高端电子产品的用户归为高消费科技爱好者群体,对其精准推送新款智能设备;在图像识别领域,面对海量的图片,无监督学习的聚类算法依据图片的色彩、形状等特征,自动把风景图、人物图、动物图各自归为一类,方便图片管理和检索;在文本处理方面,针对大量新闻文章,主题模型这类非监督学习算法能够挖掘出不同主题,例如把关于体育赛事的新闻归为体育类,关于财经政策的归为金融类。比如在新闻 App 上,系统会把同一主题的新闻聚合在一起,让用户能快速了解感兴趣领域的最新动态。

📖 学以致用

一、超市顾客分类

某超市记录了顾客的购物数据有：①每月购物次数；②平均每次消费金额；③生鲜类商品购买比例；④促销商品购买比例。请回答：

（1）根据这些购物数据对顾客进行分类，属于监督学习还是非监督学习？

_____

（2）根据你的经验，可以将顾客分为哪三个群体？

_____

（3）假设分出了"高频高消费""低频精打细算""促销敏感型"三类群体，超市如何利用这个结果？

_____

二、运动员能力评估

某体育队收集了运动员的六项体能测试数据：①100米跑成绩；②立定跳远距离；③引体向上次数；④肺活量；⑤体脂率；⑥反应速度。教练希望根据这些数据，找出影响运动能力的核心指标，并将六维数据简化为两个综合维度。请回答：

（1）为什么要将六项数据降维到二维？

_____

（2）应使用哪种非监督学习算法？该算法的核心思想是什么？

_____

（3）当新增一名运动员数据时，是否需要重新计算所有主成分？为什么？

_____

任务 1-4　模拟五子棋 AI 玩家训练过程

✏️ 任务描述

2025年中央电视台春节联欢晚会的扭秧歌机器人震惊全球，这类机器人也属于人工智能领域，但是外在表现与监督学习和非监督学习的分类、推荐有很大不同，张晓很好奇这是如何做到的。

🖊️ 任务实现

（1）五子棋是大家熟悉的一种棋类游戏。图1-21所示是一个10×10的五子棋棋盘，共有_____交叉点（落子点）。每个落子点有_____、_____、空位三种状态。图1-22所示的棋局中，按照五子棋对弈规则，此时黑方可以落子在任意一个空位，也就是有_____种落子动作。

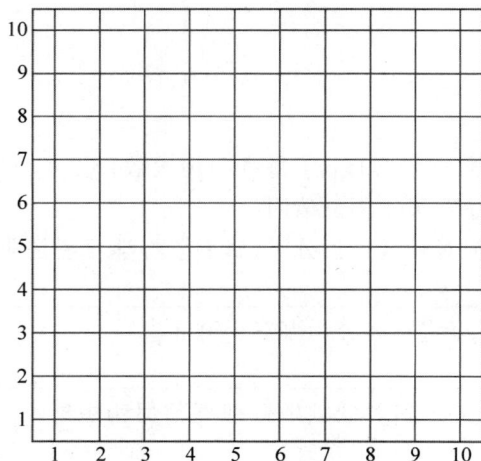

图 1-21 10×10 的五子棋棋盘

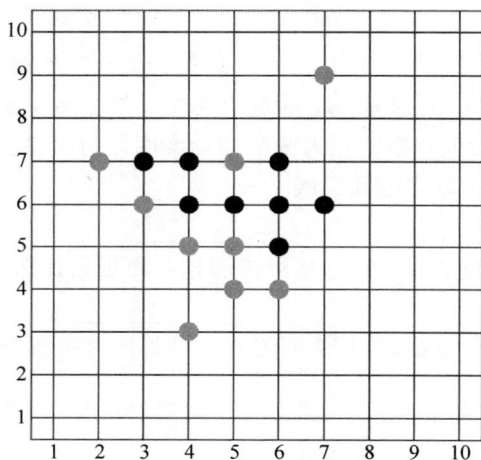

图 1-22 一种五子棋棋局

(2) 对弈时最先达到五子连线的一方获胜。下棋过程中,玩家应尽力形成五子连线,有时落子后未能达成五子连线,但却形成了有利局势,例如四子成线。根据你的经验,有利局面有:① _____ ;② _____ ;③ _____ 。

(3) 对弈时我们的脑海中会对落子后的局势有一个设想,我们会选择赢棋可能性更高的位置落子,在图 1-22 所示的棋局中,用 $Q_{(i,j)}$ 表示 i 行 j 列的赢棋可能性,对于黑方来说,$Q_{(8,6)}$ ____ $Q_{(7,4)}$ ____ $Q_{(6,8)}$(依据个人经验填写>、<、=)。

(4) 人类下棋是依据个人经验模糊地感觉每个位置赢棋的可能性,AI 五子棋玩家则要将赢棋可能性表示为具体数值,即 Q 值。Q 值是在首先需要明确加分奖励,也就是根据落子后形成的局势,对当前落子动作进行奖励。请根据你的经验,填写表 1-4。

表 1-4　五子棋 AI 玩家加分奖励表

落子后形成的局势	奖　励　值
五子连珠	100
四子相连	
三子相连	
未形成任何有利局势	
对方五子连珠	−100

（5）对弈过程中根据落子动作获得的奖励计算 Q 值，并将 Q 值动态地记录到二维表，如表 1-5 所示。Q 值表中行表示棋局状态，列表示当前棋局所有可能的落子位置。程序初始运行时，是空棋盘状态，有 100 个落子位置，每个位置 Q 值均为 0。请将图 1-21 棋局中黑方每个落子动作的 Q 值写入表 1-5 中。

表 1-5　Q 值表

棋局	落　子　动　作																										
	…	3,7	3,8	3,9	…	4,6	4,7	4,8	4,9	…	5,6	5,7	5,8	5,9	…	6,5	6,6	6,9	…	7,1	7,2	7,3	7,4	7,5	…
图 1-21																									
图 1-23																									
图 1-24																									
图 1-25	…	0	16	2	…	8	5	40	12	…	20	2	95	36	…	8	0	35	…	1	6	3	92	4	…

（6）程序随机选择落子点落子，在某一时刻恰好落子在（6,5）位置，形成了图 1-23 所示的活三棋局，按照奖励规则该落子动作将获得奖励 $\gamma = 50$，使用公式 $y_{新} = y_{原} + a \times \gamma + b \times C$（a、b 为常数）计算得到 Q 值为 8，请将图 1-23 所示棋局状态的各个 Q 值写入表 1-5 中。

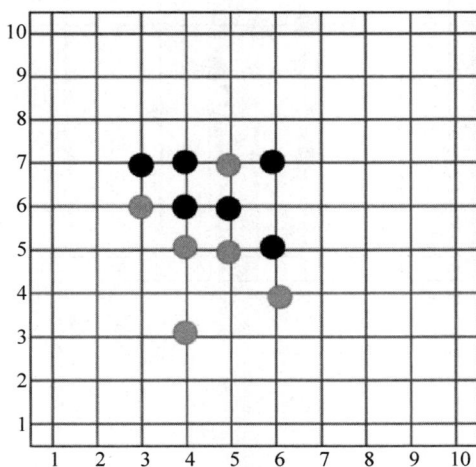

图 1-23　活三局势

（7）某一时刻恰好落子在（7,4）位置，形成了图 1-24 所示的五子连线，按照奖励规则该落子动作将获得奖励 $\gamma = 100$，使用公式 $y_{新} = y_{原} + a \times \gamma + b \times C$（a、b 为常数）计算得到 Q 值为 30，请将图 1-24 所示棋局状态的各个 Q 值写入表 1-5 中。

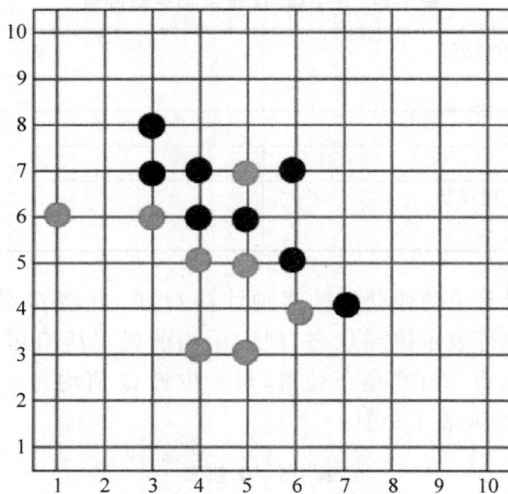

图 1-24　五子连线局势

（8）经过大量的模拟下棋，不断更新 Q 值，直到 Q 值表中的每个 Q 值相对稳定，也就是得到了最终的 Q 值表。与人对弈时，AI 玩家从 Q 表中查找 Q 值最大的位置落子。图 1-25 棋局状态的 Q 值，此时 AI 玩家会在位置_____落子，说明这个 AI 玩家的下棋水平_____。

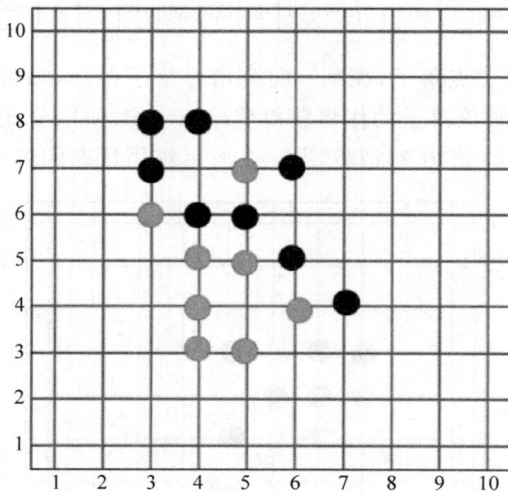

图 1-25　一种五子棋棋局

知 识 点

强 化 学 习

一、什么是强化学习

强化学习是训练机器掌握某种规则，以便在某种状态时采取正确的动作。例如，你训练一只小狗根据你的手势完成相应的动作，如坐下、握手等，训练完成后，小狗掌握了你的手势和动作之间的联系,以后你做出这个手势后,小狗就会执行相应的动作,不论是在你家楼下,还是在房间内。强化学习就是这个训练的过程。例如,训练机器掌握五子棋的规则,以便实现人机对弈;或者,训练一个消防机器人,以便在陌生真实火灾现场,机器人执行灭火及救援任务。

那么强化学习是如何训练的呢?还是以训练小狗为例,刚开始小狗什么都不懂,它对主人给出的手势置之不理,随意地做出一些动作。一次偶然小狗恰好做出正确动作时,主人就给它一块美味的零食作为奖励,没有做对动作则不奖励或者训斥它一下(惩罚)。小狗为了得到更多奖励、避免惩罚,就会不断尝试各种动作,慢慢地它就知道哪些动作能带来好处,从而更多地去做那些对的动作。

强化学习中的几个重要概念,把要训练的机器称为智能体,把棋盘或者火灾现场称作环境,把某一具体的环境情形称为状态,比如棋局,智能体在环境中不断尝试行动,环境会根据智能体的行动反馈给它一个奖励信号。智能体依据这个奖励信号来调整自己的行动策略,就像小狗根据你的奖励和惩罚调整自己的行为方式一样。经过大量这样的尝试和学习过程,智能体就能学会完成任务的最佳策略,比如让机器人学会在迷宫里找到出口的最优路径,或者让游戏中的角色学会赢得比赛的最佳玩法,如表1-6所示。

表 1-6 　五子棋机器玩家和篮球机器运动员

专 用 名 称	五 子 棋	篮球运动员
智能体	机器玩家	机器运动员
环境	棋盘	篮球场
状态	棋局	局势
行动	落子	走位
策略	如何落子	如何走位
奖励	落子正确	走位正确
惩罚	落子错误(输了)	走位错误(球被抢)
目标	赢棋	投篮命中

在强化学习框架下,智能体需于环境中探索最优策略以实现目标。强化学习是让智能体(agent)在环境中通过不断试错来学习最优策略,以实现最大化累积奖励。智能体与环境持续交互,在每个时间步,智能体依据当前环境状态采取一个行动,环境接收行动后转换至新状态,并反馈给智能体一个奖励信号。智能体基于此奖励信号评估行动优劣,调整自身策略,经过反复训练,智能体找到了状态和行动之间的联系,也就是形成了自己的策略规则。

二、Q-Learning 算法

Q-Learning 算法就像一个在未知世界里摸索的探索者,目的是找到最佳行动策略。它主要依靠一张 Q 表,这张表如同寻宝地图上的标记,记录着每个状态下采取不同行动能获得的预期收益(Q 值)。

起初,Q 表像是空白画卷,所有 Q 值随意或初始化为零。探索者在环境里行动,比如在迷宫中走到一个岔路口(特定状态),决定向左走(一个行动)。走完这一步,环境会给出反馈,可能是发现宝藏(正向奖励),也可能是遭遇陷阱(负向奖励),还会到达新位置(新状态)。

这时,Q-Learning 算法就依据此次经历更新 Q 表。公式像是精打细算的账本规则:新 Q 值=旧 Q 值+学习速率×(此次行动奖励+折扣因子×新状态下最大 Q 值-旧 Q 值)。学习速率决定对新经验的接纳程度,折扣因子衡量未来奖励重要性。若新位置有宝藏,此路径相关 Q 值大增,下次再遇岔路更倾向选此方向;若有陷阱,Q 值降低。

多次探索循环,Q 表不断优化。探索者依据更新后的 Q 表选 Q 值大的行动,逐渐明晰最优路径,成为熟稔环境的高手,能高效达成目标,无论是迷宫逃脱、游戏通关还是机器人精准任务执行,皆能应对自如,展现 Q-Learning 算法从经验积累到智能决策蜕变之妙。

在强化学习的 Q-Learning 算法里,Q 代表 Quality(质量)。Q 值即 Quality value,本质为状态-行动对的价值衡量指标。它量化智能体在特定状态执行特定行动后,长期累积奖励的预期高低。例如,机器人在复杂迷宫的某岔路口(状态)选择左转(行动),此"左转"行动对应 Q 值反映后续持续探索可获奖励期望。高 Q 值暗示该行动引向丰厚奖励路径可能性大,如通向目标区域或资源富集地;低 Q 值则警示行动或许导向不利境地,像陷阱或迂回路线。借持续学习与 Q 值动态更新,智能体依 Q 值决策选优,精准抉择行动,实现从懵懂探索至高效策略执行的进化,Q 值是强化学习优化策略、达成目标进程中的关键指引,宛如行动价值的"指南针",为智能体规划最优轨迹导航。

三、强化学习的实际应用

强化学习的应用在诸多领域都展现出了独特的价值和作用。在机器人控制领域,机器人可以通过强化学习,根据所处环境的状态,比如周围障碍物的分布、目标物体的位置等,不断调整自己的动作策略,学习如何更高效地完成任务,如自主导航、抓取物体等;在游戏领域,智能体能够运用强化学习算法,依据游戏的当前局势、自身状态和得分情况等,探索出最优的游戏策略,像在围棋、象棋等游戏中,智能体通过不断与环境(即游戏)交互,学习如何做出最佳决策以战胜对手;在自动驾驶领域,车辆利用强化学习,根据路况信息、交通信号以及周围车辆和行人的动态等,学习如何控制车速、转向等操作,以实现安全、高效的行驶。例如,在遇到前方突然出现的行人时,车辆通过强化学习所积累的经验,能够迅速做出合理的制动或避让决策。

学以致用

一、分析扫地机器人中的强化学习

某公司开发了一款智能扫地机器人,需要学习如何高效清扫房间。其工作场景如下。

环境:一个有多家具、地毯和障碍物的客厅。

行动:前进、后退、左转、右转、开始清扫、停止。

反馈:撞到家具时电量减少,清扫脏区域时获得电量补充。

目标:在电量耗尽前清扫最大面积。

请将以下强化学习要素与场景对应。

智能体:_____;状态:_____。

奖励信号:_____;策略:_____。

二、设计智能浇水系统

某花园安装了一个智能浇水系统,需根据土壤湿度、天气预测调整浇水频率。请回答:

(1) 包含哪些"正奖励"事件?

(2) 包含哪些"负奖励"事件?

(3) 如果土壤湿度接近但未完全达标,是否需要设置奖励?为什么?

任务 1-5　分析路标识别的实现过程

任务描述

自动驾驶也是人工智能技术的成果,学校门口就有很多共享的自动驾驶汽车,给张晓和同学们带来很多便利。张晓决定以自动驾驶分析路标这个功能实现的过程,了解人工智能系统是如何设计并实现的。

任务实现

(1) 你体验过汽车自动驾驶吗?自动驾驶汽车识别路标的准确性怎么样?

(2) 如果将光线充足、直视角度、白底蓝字、10 英寸大小、城市道路的路标称作标准路标,图 1-26 中的三个路标有什么问题?

图 1-26　路标分析

(3) 如果自动驾驶汽车不能识别乡村道路的路标,这种车在实际使用中有什么不足之处?

(4) 人工智能是数据驱动的,也就是说想让汽车识别路标,必须收集大量不同角度、不同天气、不同时间段的路标,供机器学习,以便在真实驾驶中能够正确识别。要大量收集上述不同的路标,请你想一个办法。

（5）路标识别属于图像识别范畴,请你通过网络检索,说一下图像识别的算法有哪些?

（6）路标识别的准确率达到多少可以上路行驶? 在实际上路行驶过程中,仍然存在不能正确识别路标的情况,你觉得可能有哪些原因?

知 识 点

人工智能系统的工作流程

一、人工智能系统的工作流程

可以将人工智能系统的工作流程,归纳为数据采集、数据预处理、特征提取、模型选择、模型训练和模型评估与优化六个核心步骤,如图 1-27 所示。

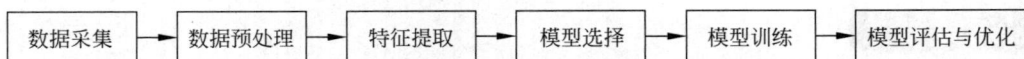

数据采集 → 数据预处理 → 特征提取 → 模型选择 → 模型训练 → 模型评估与优化

图 1-27 人工智能系统的工作流程

（一）数据采集

人工智能系统首先需要收集数据。数据可以是结构化的表格数据或者非结构化的文本、图片、音视频等。数据可以有多种来源,如传感器、摄像头、麦克风、网络等。例如,开发一个识别手写数字的系统,我们从不同的人那里收集成千上万的手写数字图片作为样本,这些图片构成了原始数据。

数据是人类的知识和经验,为机器提供了学习与成长的养分,数据的数量和质量直接决定了 AI 系统的能力边界。例如 AlphaGo 围棋机器人,它的数据就是大量的围棋对弈记录,所以它只能下围棋。如果是下象棋的机器人,就需要大量的象棋对弈数据。

有时我们也会看到训练数据、标注数据等用词,训练数据是指训练机器使其具备智能的过程中用到的数据,以便使机器学会从输入到输出的映射关系。标注数据是一种特殊类型的训练数据,可以看作标注了正确答案的数据。例如在一个识别物体的人工智能程序中,需要大量的图片,每张图片都会被标注上物体的名称或类别,这种数据就是标注数据。

（二）数据预处理

收集到的原始数据往往杂乱无章,需要经过清洗和格式化,例如去除噪声、填补缺失值、转换格式等。比如收集的图片可能大小不一,我们需要统一尺寸,保证数据的一致性。

（三）特征提取

特征即数据中有用的信息,提取特征是为了将数据转换成算法可以理解的形式。比如要开发一个预测航班延误可能性的 AI 系统,那么可以选择航空公司、天气情况等对延误有影响的因素作为特征。对于处理文本或图片的较为复杂的 AI 系统,则无须进行特征选取,它们的算法能够自动特征学习。

（四）模型选择

根据实际需要，设计合适的算法。对于预测航班延误这种分类的 AI 系统，可以使用随机森林、贝叶斯等机器学习算法，对于处理文本或图片的 AI 系统，可以使用卷积神经网络、循环神经网络等深度学习算法。

算法是解锁数据价值的钥匙，神经网络、深度学习模型等算法，使得机器从纷繁复杂的数据中提炼出规律与模式，从而具备了理解和预测世界的能力。更为神奇的是，算法能够让机器自我调整与优化，随着经验的积累，不断进化，最终实现超越人类的精准度与效率。

尽管算法使得机器不断进化，但这种进化是在人类设计的规则和框架内进行的，通过数据过滤、人工审核、性能监测以及遵守相关法规等多种机制进行监督和调控，以确保 AI 系统的可控和安全，这一点不用担心。

（五）模型训练

有了选定的模型和经过预处理的数据，接下来就是模型训练。我们把大部分数据（如90%）用来训练模型，让模型通过反复迭代，学习到数据特征与输出之间的关系，通过不断调整模型参数，使模型的预测结果尽可能接近实际结果。

训练是一个过程。在这个过程中，机器在算法的控制下不断学习数据模式，掌握数据蕴含的规律，逐步提升其理解和预测能力。同时，人类工程师依据机器学习的表现，调整算法参数，优化模型结构，以期达到更高的准确性。每一次参数的微调，都是对算法性能的一次提升，对数据利用效率的一次增进。通过持续不断地训练与优化，机器得以提升自身技能，最终实现对复杂问题的有效解决。

（六）模型评估与优化

我们使用剩余的数据（如剩下的 10%）来评估模型的表现，检查它在未见过的数据上的性能。如果模型表现不佳，需要调整模型参数进行优化，直到达到满意的准确率。

二、人工智能的三大基石

人工智能就像一台需要"学知识""会思考""能干活"的机器，而数据、算法、算力就是它运转的三大支柱。

（一）数据

我们在手机上观看短视频时，视频平台能精准推荐你爱看的内容，这背后离不开海量数据的支撑——你的每一次点赞、停留时长甚至滑动速度都被记录成数据，成为 AI 理解你喜好的"经验库"；而当医生用 AI 辅助诊断肺部 CT 影像时，系统之所以能快速识别病灶，也是因为它学习过成千上万张标注好的医学影像数据。这些数据就像人类积累的生活经验，越丰富、越多样，AI 的判断就越接近真实世界。

（二）算法

有了数据，AI 还需要一套"思考方法"来处理信息，这就是算法。比如你和智能音箱对话时,它之所以能听懂"打开客厅灯"的指令,靠的是自然语言处理算法将声音转化为文字,再分析出你的意图;自动驾驶汽车能瞬间识别红灯、避开行人,则是计算机视觉算法在实时解析摄像头捕捉的画面。算法的进步让AI变得更聪明,比如同样一堆数据,用更高效的算法训练,AI就能从模糊的图片中分辨出猫和狗,或者像ChatGPT一样生成更自然的对话。

(三)算力

但要让这些复杂的计算快速完成,离不开强大的算力支持。如今手机刷脸解锁只需一瞬,是因为芯片能在毫秒内完成亿万次面部特征比对;国内的人工智能计算中心用超级计算机处理卫星遥感数据,帮助预测天气、规划城市交通,靠的也是每秒近10亿亿次的运算能力。随着我国智能算力规模一年增长74%,AI不仅能处理更庞大的数据,还能运行更复杂的模型,比如生成逼真的图片、视频,甚至模拟蛋白质结构助力药物研发。

这三者就像齿轮一样紧密咬合:当你对智能家居发出语音指令"调低空调温度",麦克风收集的语音数据被算法解析成指令,再通过芯片算力瞬间控制设备;无人超市的摄像头捕捉你拿起商品的动作,算法识别出商品信息,算力则同步更新账单,让你无须排队就能完成支付。未来,随着量子计算等技术突破算力瓶颈,更多行业数据开放共享,AI或许能像水电一样融入生活的每个角落,从预测交通拥堵到定制个人健康方案,让机器真正成为人类的"智能伙伴"。

学 以 致 用

一、分析路标识别系统中的数据采集与预处理

在开发自动驾驶系统的路标识别功能时,需要进行:①数据采集:收集不同天气、角度、光照条件下的路标图片;②数据预处理:统一图片尺寸、去除模糊图像、标注路标类别。请回答:

(1)为什么数据采集需要覆盖多种条件(如雨天、夜晚)?

(2)举例说明数据预处理中的两项具体操作及其目的。

二、了解模型训练与评估的对比

某团队训练路标识别模型时,使用90%的数据(训练集)训练模型,剩余10%的数据(测试集)评估模型性能。请回答:

(1)为什么不能直接用全部数据训练模型?

(2)若测试集准确率高但实际路测效果差,可能是什么原因?

(3)列举两种优化模型性能的方法。

模块 2　生成式 AI

任务
实现步骤

任务 2-1　体验通义千问的问答和写作功能

任务描述

于柄新是某高职院校药学专业的学生,他偶然看到同学对着计算机轻松地输入一句话,瞬间就得到了一份详细的洛阳旅行攻略。经询问同学使用的是通义千问大模型,于柄新从未想过科技的力量竟能如此高效地解决实际问题,他决定要深入探索这个神秘而强大的工具。

任务实现

(1) 登录通义千问官方网站,打开通义千问大模型界面并登录,如图 2-1 所示。

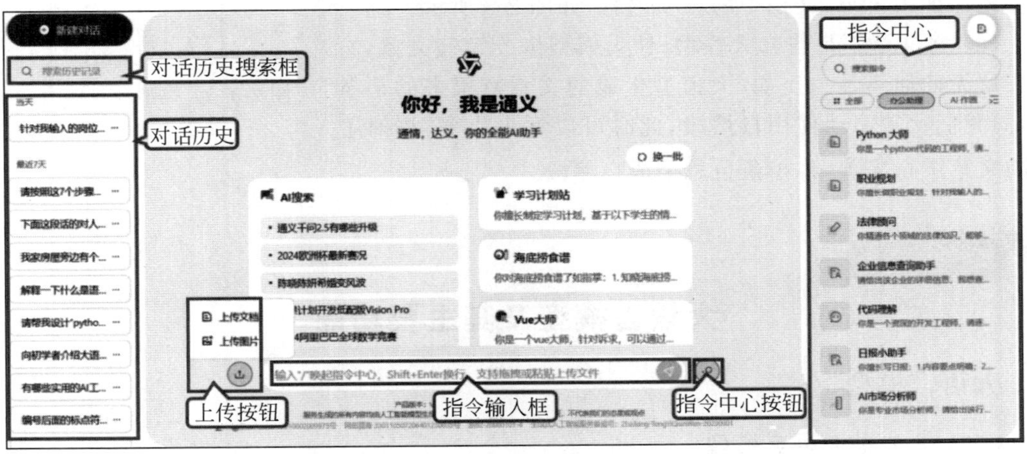

图 2-1　通义千问大模型界面

(2) 体验大模型的问答能力。在"指令输入框"输入你要提问的问题,最好是自己已知答案的问题,这样才能对模型的回答进行评价,比如去过河南旅行的同学可以提问"河南有哪些著名的景点?"。

(3) 阅读大模型给出的回答,并对解答结果的准确性进行评分。打开素材文件"大模型问答能力测试记录表",如图 2-2 所示。将提问的问题、模型的解答及评分填写到表格中。

(4) 至少提问 10 个问题,并且其中一个问题的准确度评分低于 60 分。

序号	问题描述	模型解答	准确度评价(0-100分)
1			
2			
3			
4			
5			
6			
7			
8			
9			
10			

图 2-2　大模型问答能力测试记录表

（5）体验大模型的写作能力。首先根据自己的实际情况确定一个写作主题,写作主题不要太宽泛,比如理想、如何过好一生等,最好是你实际生活中的具体需求,比如写过的检讨书、目前需要撰写的社团申请演讲稿等。

（6）确定好主题后,向大模型发出你的写作指令,也就是在指令输入框中输入写作的提示词。提示词的写法应提供必要的详细信息,比如想要大模型写一份检讨书,不能简单地说"写一份检讨书",而是要描述一些具体情节,如："我是一名高二的学生,在英语课上玩手机被老师发现了,请帮我写一份检讨书,不超过 600 字。"

（7）认真阅读大模型完成的文章,从文章的格式、结构、内容等角度,评价大模型生成的文章有哪些不足,并填写"大模型写作能力记录"文档中的各项内容,如图 2-3 所示。

（8）将文章不足告知大模型,让大模型修改完善文章,直到文章无任何不足。比,大模型生成的文章有很多的小条目,而我们比较习惯使用自然段,此时可以发出指令"请对上面的文章进行完善,将小条目总结成自然段。"

提示词1:
大模型生成的文章:

文章不足:
提示词2:
大模型生成的文章:

文章不足:

图 2-3　大模型写作能力记录

知 识 点

大语言模型及其主要功能

一、大语言模型

（一）什么是大语言模型

1. 语言模型

想要弄清楚大语言模型,我们先来看看什么是语言模型。语言模型是人工智能在自然语言处理领域的一个组成部分,我们可以将语言模型简单地理解为一系列复杂的算法和公式,这套算法和公式能够让机器捕捉词汇、语法和语义的规律,模拟人类的语言规律,用于理解和生成人类语言。它通过学习来源于书籍、文章、网页等涉及科技、人文、历史等各领域的大量文本数据,形成了强大的知识储备。当面对与语言文字相关的任务时,如翻译、阅读、写作等,模型可以依据习得的语言规律和知识储备。

语言模型广泛应用于机器翻译、语音识别、聊天机器人、自动文摘、智能写作等自然语言处理任务,成为智能交互和内容创造的强大工具。例如,它优化了机器翻译中语法和语义的准确性,提升了语音转句子或段落的准确性,能够创作诗歌、故事、新闻稿等。

2. 大语言模型

我们所说的大语言模型(Large Language Model,LLM),是指那些拥有庞大数据集和参数量的语言模型。数据集是指语言模型的训练文本,这些数据来源于互联网、书籍、文章、社交媒体等多种渠道,涵盖科技、人文、艺术、流行文化等各个领域,总量可达数万亿词。由 Google 研发的 PaLM 模型,训练所使用的文本数据达到了 700TB。

参数是指大语言模型的算法设置,用来提高模型的准确性,参数的数量可以达到数十亿乃至数万亿。当前我国有 100 多个 10 亿参数规模以上的大模型,庞大的参数量使得模型能够捕捉到更复杂、更细微的语言模式和规律。

海量数据集和庞大的参数设置,使得大语言模型表现出更强的泛化能力,能够在未曾见过的数据上执行复杂的语言任务,甚至展现出接近人类水平的理解和创造力。

(二)语言模型工作原理

当前的大语言模型在算法层面采用了 Transformer 架构,这一架构是 2017 年由谷歌的 Ashish Vaswani 等研究人员提出的。Transformer 模型凭借自注意力机制,在处理长文本时,不但效率高,而且能够充分顾及上下文之间的依赖关系。美国 OpenAI 公司发布的大语言模型 ChatGPT,其中的 T 指的正是 Transformer。

Transformer 语言模型是一种统计模型,它依据词语出现的概率来构建句子和段落。当我们需要生成一句话时,模型会依据先前学习的数据中词语出现的频率以及上下文关系,来推算下一个词的概率。例如,前面的句子是"今天天气",模型首先会对文本数据中"今天天气"后面出现词语的频率进行计算,结果发现"晴朗""下雨"等词的出现频率相对较高;接着,模型会根据上下文信息选取恰当的词语,令整个文本的逻辑与语义更加贴合,如此一来,我们便能看到一个句子、段落,乃至一篇完整的文章。

二、大模型的主要功能

我们可以将大模型分为通用大模型和专用大模型。通用大模型模拟人类的通用智能,涵盖的知识范围非常广泛,从科学、技术、艺术、历史到流行文化等各个方面,能够理解并生成不同语言的内容,具有多模态理解能力,除文本外,还能够处理图像、音频甚至视频数据。

专用大模型又称为行业大模型或者垂直大模型,是以通用大模型为基础、辅以行业数据进行训练、擅长解决行业问题的大语言模型。专用大模型能够更好地理解特定行业的术语、规则和背景,能够提供深度和专业化的解决方案,适合行业内部使用。

(一)文本生成

根据指令生成文章、故事、诗歌、报告等。例如,输入指令"我刚刚升入大学,想要加入学校的志愿者协会,请帮我写一份竞选词的初稿",瞬间即可生成竞选词,如图 2-4 所示。

想要使生成的文本更加符合自身实际情况,可以给出更加详细的指令,例如,告知 AI

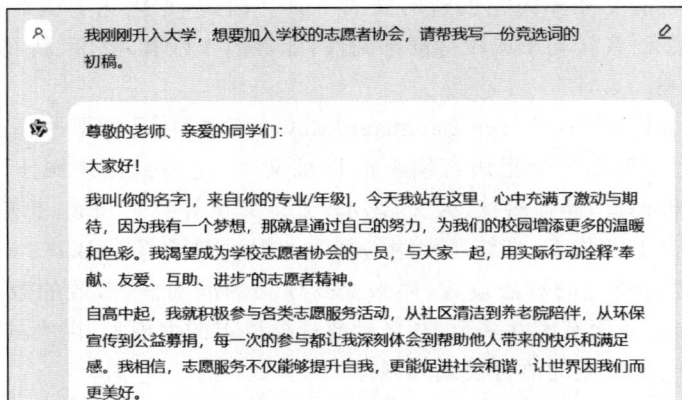

图 2-4　通义千问生成的竞选词(片段)

你的志愿服务经历、字数要求等。如果不知道怎么写出更好的指令,可以单击"指令中心按钮",在右侧显示/隐藏指令中心,从中查看是否有类似的指令示例。

(二)问答

通义千问通用大模型就像是一个巨大的知识宝库,知识范围涵盖科技、人文、财经、时事等各个领域,并且具有一定的推理能力,能够提供即时、准确的问答服务。比如,可以提问"霍光是谁?""染发和烫发哪一个对头发伤害大?""什么时间去南京旅游最合适",这些问题,大模型都能给出准确的答案。

需要特别注意的是,由于知识库的缺乏和算法功能的限制,大语言模型对于一些个性化、细节化以及时效较强的问题,或者需要推理的问题,其回答的准确性还有待提高。例如,提问"霍光和汉武帝是什么关系?"(需要推理)、"周杰伦成都演唱会唱了几首歌?"(过于细节)、"山东有几所本科层次的职业技术大学?"(时效性强),大模型的回答都存在一定的错误,如图 2-5 和图 2-6 所示。

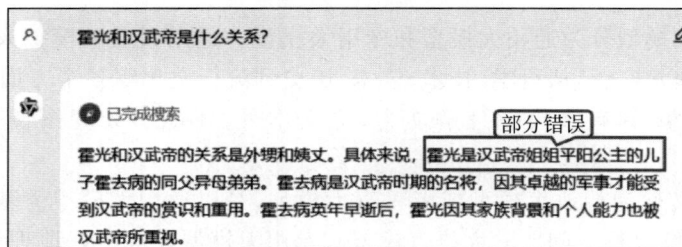

图 2-5　通义千问错误回答示例 1

因此,对于大语言模型给出的回答,仍然需要我们进行辨析,不能完全相信大模型。同时,我们也应在日常加强使用大模型,探索和弄清大模型的能力边界。

(三)文档/图片分析

通义千问通用大模型可以进行文档分析和图片识别。单击"上传"按钮,上传文档,在

图 2-6 通义千问错误回答示例 2

指令框中针对文档内容提出问题,比如"请说出这篇文章的主要内容""文章从哪几个方面阐述问题"等,功能类似于文档解析,这一点对于我们阅读长文档特别有用,能帮助我们快速理清文档脉络。

上传图片,大模型可以分析出图片中包括哪些内容、识别图片中的文字、分析图片的寓意等。

(四)图片生成

通义千问大模型根据文字描述生成图片,可以描述画面内容,或者色彩、亮度等图片要素,也可以描述图片的作用。在绘图时,可以参考指令中心类似的指令。图 2-7 展示了大模型的图片生成能力。

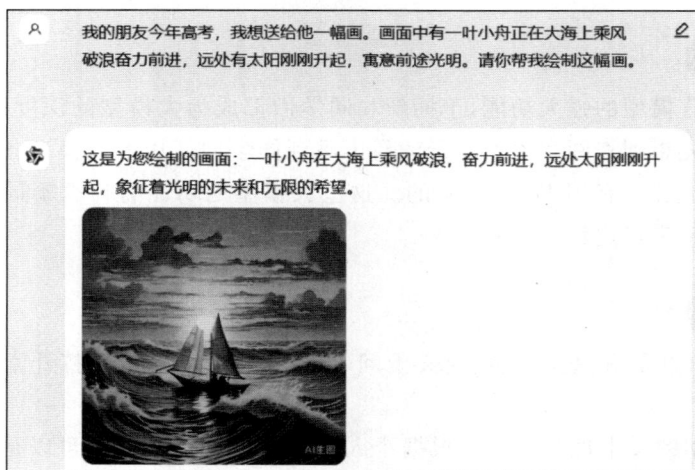

图 2-7 大模型生成"小舟海上远行"图片

学以致用

一、AI 写作与优化实践

使用 AI 大模型生成一篇关于"人工智能在医疗诊断中的应用"的科普文章(300 字),并从以下角度分析文章的不足。

(1) 是否包含具体案例(如 AI 辅助 CT 影像分析)?

_____

(2) 技术术语是否通俗易懂?

_____

(3) 结构是否清晰(引言、案例、总结)?

_____

二、测试大模型问答的准确性

向 AI 大模型提问一个时效性问题(如"2024 年巴黎奥运会新增了哪些比赛项目?"),记录模型的回答,并在细节上与权威新闻来源对比。

(1) 大模型的回答是否有错误?

_____

(2) 修改提问方式,使错误减少或者没有错误。

_____

任务 2-2　比较 DeepSeek、豆包等大模型的性能

任务描述

体会到大语言模型的强大功能,于柄新和同学们都成为大模型的深度用户,学习、生活中的各种问题首先想到查阅大模型。于柄新了解到同学们使用的大模型各不相同,有用豆包的、有用腾讯元宝的、有用 DeepSeek 的。这些大模型的功能有什么不同,哪个大模型最好用? 于柄新决定亲自比较一下。

任务实现

(1) 在各官网注册并登录豆包、通义千问,以及深度求索;然后打开素材文件"大模型性能比较记录表"。

(2) 评价模型的文本理解能力。根据个人实际,寻找一篇文章,可以是网页,也可以是文档,首先阅读文章,弄清楚文章的主要内容。然后在通义千问大模型网站找到文档阅读功能,将文章提供给大模型,并在提示词写入"请总结这篇文档的主要内容"。阅读大模型给出的回答,在"大模型性能比较记录表"中填写各项内容,如图 2-8 所示。

模型名称	文本理解能力					
	素材文章	网页/文档	能否接收网页	能接收的文档类型	总结是否准确	综合评分
通义千问						

图 2-8　模型文本理解能力评价

（3）分别使用豆包、深度求索 DS 总结这篇文章的内容，如果模型不接受网页链接，将文章中的文字复制到文档中，然后提交给模型进行总结。对两个模型的文本理解能力进行评价。

（4）评价模型的文本生成能力。根据个人实际，在通义千问大模型网站，给出提示词，要求大模型创作一篇文章。为了提高模型创作质量，提示词最好包括三个方面，背景信息、内容主题和格式要求。例如，我是一名大一新生，中学时参加过清理垃圾、维护秩序、发放健康宣传单等志愿活动。我现在想要加入大学的志愿者协会，需要参加竞选演讲，请帮我写一份演讲稿，1000 字左右。在"大模型性能比较记录表"中，对大模型生成的文章进行评价，如图 2-9 所示。其中，格式规范是从格式方面的评价，比如字数、标题、抬头署名等；文章内容结构是指文章内容有几个部分，生成速度是指生成文章的过程是否有等待、卡顿现象。

（5）同样的提示词，在豆包和 DS 中生成文章，并对文章质量进行评价。

（6）评价模型的对话能力。根据个人实际，在通义千问大模型网站，给出提示词，与大模型进行对话交流。比如，我是一名大学生，周末休息想看个电影，请帮我推荐一部轻松有趣的国产电影。每次对答时认真阅读模型给出的回答，并根据回答进一步提问，直到得出满意的结论。在"大模型性能比较记录表"中，对大模型的对答能力进行评价，如图 2-10 所示。内容准确性是指模型的回答是否正确并且满足提问者个性需求，连贯性是指经过多次问答或者省略提问时，模型依旧能根据上下文理解提问者的需求。

文本生成能力				
提示词	格式规范	文章内容结构	生成速度	综合评分

图 2-9　模型文本生成能力评价

对话交流能力			
提示词	对答速度	准确性	连贯性

图 2-10　模型对话交流能力评价

（7）同样的提示词，在豆包和 DS 模型中进行问答，并对模型能力进行评价。

知识点

国内主流大模型及其性能

一、国内主流大模型

（一）阿里巴巴通义千问大模型

通义千问是阿里云自主研发的大语言模型，2023 年 4 月正式发布。目前已经发展到通义千问 2.5 版本，模型参数达到千亿级别，可以实现文字创作、编写代码、语言翻译、智能对话等功能。

(二)字节跳动豆包大模型

豆包大模型是由字节跳动旗下火山引擎团队研发的多模态大语言模型,于 2023 年 8 月正式推出,目前已迭代至 1.5 版本,模型参数规模达百亿级别。豆包融合文本、图像、音频处理能力,能够实现智能对话、文本生成、AI 绘画、图片处理等功能,尤其在内容创作领域表现突出。豆包大模型首页如图 2-11 所示。

图 2-11　豆包大模型主界面

(三)深度求索 DeepSeek 大模型

DeepSeek 大模型(图 2-12)由深度求索 DeepSeek Inc. 公司开发,于 2023 年 12 月首次发布,是一款开源千亿参数大语言模型,采用创新的混合专家架构(MoE),动态分配计算资源以提升效率。该模型专注于复杂逻辑推理与代码生成任务,支持多种语言与长文本生成连贯性,可流畅处理学术论文解析、跨语言代码转换等专业需求。

图 2-12　DeepSeek 主界面

二、面对大模型的正确态度

人们在面对大模型的正确态度需要结合技术认知、伦理意识、学习方法和实践能力,在合理利用工具的同时保持独立思考和批判性思维。

(一)了解大模型的本质与局限

了解大模型是基于海量数据训练的概率生成工具,而非真正具备"智能"或"意识"。其输出是统计学规律的体现,可能存在事实错误、逻辑漏洞或偏见。

大模型擅长信息整合、语言生成和模式匹配,但在复杂推理、创新性思维和情感共鸣等方面仍有局限。人们需避免将其视为全知权威,而应作为辅助工具。

(二)避免过度依赖大模型

用大模型辅助学习(如概念解释、提纲梳理、语言练习),但需保持独立思考。例如,生成代码后应逐行理解逻辑,而非直接复制;获取论文思路后需自行验证其合理性。

警惕过度依赖导致思维惰性。批判性思维、逻辑推理和原创能力需通过自主实践锻炼,这些是大模型无法取代的人类优势。

(三)对大模型不可完全信任

禁止直接提交大模型生成的作业或论文,需遵守学校对 AI 工具的使用规范。利用其辅助研究时,必须明确标注并确保核心观点为原创。

对大模型提供的信息(尤其涉及科学、历史等领域)需交叉验证权威来源,避免传播错误或偏见内容。

不输入个人敏感信息或他人隐私数据,警惕模型可能存在的记忆与泄露风险。

(四)从使用者到创造者

鼓励学生参与开源项目、学习 AI 基础理论(如机器学习、自然语言处理),尝试微调小模型,理解技术背后的数学与工程挑战。

结合自身专业(如文学、医学、法律等),探索大模型在特定领域的创新应用场景,培养"AI+"的复合能力。

(五)关注影响与未来

思考大模型对就业、教育公平、信息生态的潜在冲击。例如,自动化可能削弱某些技能的价值,但也可能催生新职业。

作为未来社会的决策者,读者需关注 AI 伦理、政策法规的制定,推动技术向善发展。

学以致用

一、文本生成能力对比

分别使用豆包和 DeepSeek 生成一份"大学生校园运动会策划方案"。输入相同提示词:"请为某大学设计一份校园运动会策划方案,包含活动主题、比赛项目、宣传方式。"对比两模型的输出回答下列问题。

(1)方案的结构是否完整?

(2)比赛项目是否具有创意(如趣味运动项目)?

（3）语言风格是否符合校园场景？

二、对话连贯性测试

与豆包和 DeepSeek 进行多轮对话（如"推荐一部科幻电影"→"为什么推荐它？"→"这部电影的导演是谁？"）。并回答：

（1）记录每次对话的回复，检查是否理解上下文。

（2）分析模型是否出现答非所问或逻辑断裂的问题。

（3）总结各模型在长对话中的优缺点。

任务 2-3　AI 生成祝福图片

任务描述

好友考入了理想的大学，于柄新想要绘制一张承载着祝福的图片，作为特殊的礼物送给好友。了解到现在 AI 能够根据文字生成图片，于柄新决定使用 AI 绘制祝福图片。

任务实现

（1）登录豆包官网后打开豆包大模型首页，单击页面左侧菜单栏上的"图像生成"，打开"图像生成"界面，界面底部的提示词框用于输入画面描述，如图 2-13 所示。

图 2-13　豆包图像生成提示词界面

（2）仔细观察提示词框，要求输入画面，包括角色、情绪、场景等要素，于柄新想要送给好友寓意"扬帆启航"的图片，他设想这样的画面：一条小船向大海深处驶去，好朋友站立在船头，远处的朝阳刚刚升起。按照角色、场景整理提示词，并选择 2∶3 比例，"版画"风格，提示词框如图 2-14 所示。

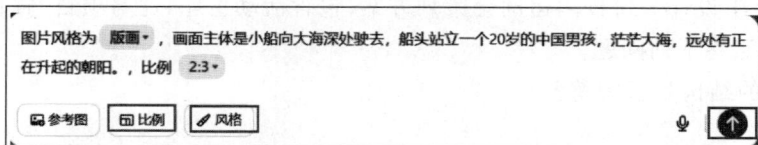

图 2-14　"扬帆启航"图片提示词

（3）单击“发送”后，生成 4 张图片，如图 2-15 所示。

图 2-15　豆包生成的“扬帆启航”图片

（4）于柄新想象中的是帆船，于是他追加了提示词：“请修改上图：小船上有帆”，生成的图片如图 2-16 所示。

图 2-16　修改提示词后的图片

（5）此次生成的图片与之前的相差甚远，于柄新发现生成图片时大模型没有记忆功能，于是他重新输入提示词，并选择比例和风格，生成的效果如图 2-17 所示。

图 2-17　重新生成的“扬帆启航”图片

(6) 于柄新对第 4 幅画面很满意,将鼠标指针移动到第 4 幅图片,出现快捷工具栏,在此下载图片。

知识点

AI 图片生成

一、AI 图片生成的概念

AI 图片生成是人工智能技术在图像处理领域的重要应用。它基于深度学习算法,通过对大量图片数据的学习,让计算机理解图像的特征、构图、色彩搭配等规律。简单来说,就是用户输入一段描述性的文字,AI 系统就能根据这些文字信息,利用学到的图像知识,生成与之对应的图片。这些图片可以涵盖各种主题,从现实场景到奇幻想象,从人物肖像到抽象艺术,AI 都能尝试创作。

二、常用的 AI 生图工具

(一)即梦 AI

即梦 AI 是抖音旗下一款功能强大的一站式 AI 创意创作平台,其功能丰富且实用,能为创作者带来非凡的体验。

即梦支持文生图和以图生图两种模式。用户输入简单的关键词或详细的描述,即梦便能迅速生成对应的图片,无论是超现实场景,还是人物肖像等各类风格,都能轻松驾驭。同时,还能对已有图片进行创意改造,如背景替换、风格转换、人物姿势保持等操作。

下面使用即梦 AI 生成给好友的祝福图片,比较二者的效果如何。

(1) 在浏览器中输入网址 https://jimeng.jianying.com/,或者通过百度搜索找到即梦网站,即梦 AI 首页如图 2-18 所示。

图 2-18 即梦 AI 首页(截取)

(2) 单击"图片生成",进入 AI 图片生成界面,在左侧提示词框中输入提示词,如图 2-19 所示。

(3) 选择图片比例和大小后,单击"图片生成",生成的图片如图 2-20 所示。

(二)通义万相

通义万相是阿里云通义系列的 AI 绘画创意作平台,功能同样十分出色,为用户带来丰富的创作体验。

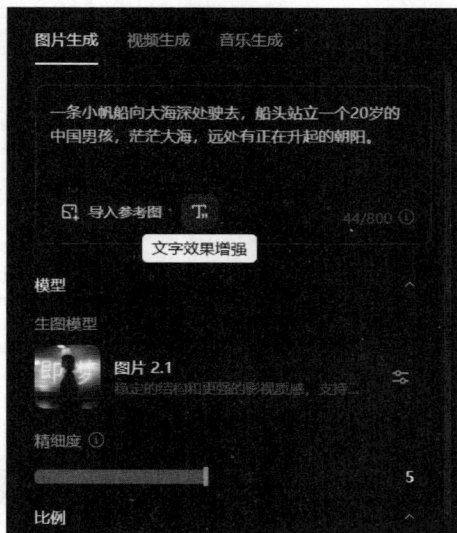

图 2-19　即梦 AI 图片生成界面

图 2-20　即梦 AI 生成的"扬帆启航"图

通义万相支持多种创作模式。文生图模式下,用户输入文字描述,AI 就能生成相应的图像作品,且能生成水彩、扁平插画、二次元、油画、中国画、3D 卡通和素描等多种风格图像。例如,输入"一幅中国水墨画风格的山水图,有高山、流水、云雾缭绕",通义万相就能生成符合要求的水墨画。

下面使用通义万相生成"扬帆启航"的图片。

(1)在通义千问首页,单击右侧的"通义万相视频",打开通义万相绘画界面,在提示词框中输入"扬帆启航"画面提示词后,单击"智能扩写",会对用户的提示词进行进一步的描述,如图 2-21 所示。

(2)单击"使用扩写结果"→"生成画作",通义万相生成的图片如如图 2-22 所示。

三、AI 图片生成的提示词

通过上面的操作可以看出,对于相同提示词,不同的 AI 工具生成的图片有所不同,但是提示词的写法对生成图片的效果有很大影响。

(一)AI 生图提示词格式

提示词是与 AI 模型交互的语言指令,由三部分构成:绘画对象、细节描述词和风格修

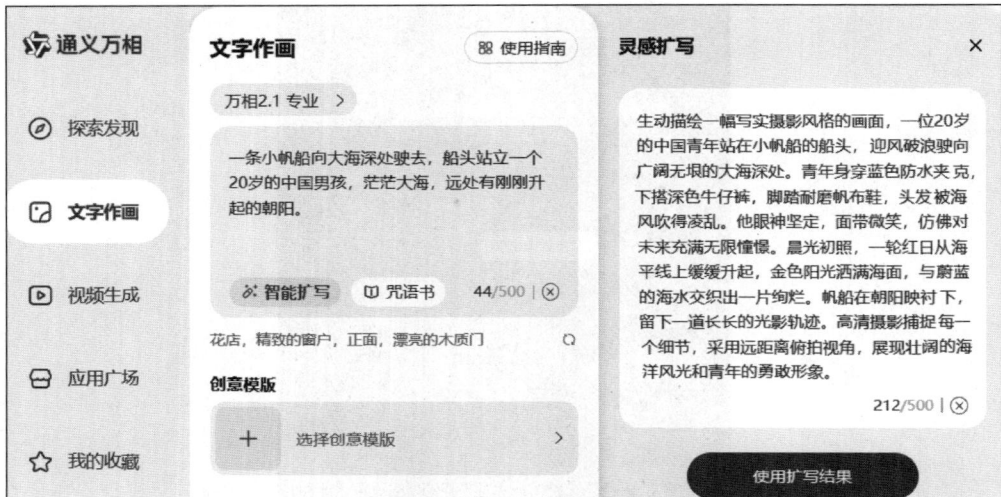

图 2-21　通义万相智能扩写提示词

图 2-22　通义万相生成的"扬帆启航"图片

饰词。绘画对象明确了画面中的核心元素,如"城市夜景""森林中的独角兽"。细节描述词是使用形容词、背景和动作丰富画面主体的细节,比如面带微笑的小女孩、站在教室黑板前的女教师等。风格修饰词用来定义画质和艺术风格,如油画、赛博朋克、水墨画、卡通画、人物摄影等。

描述词的位置代表了它在画面中的重要程度,重要的词汇置于提示词前部,比分散描述更有效,例如"极光,雪原,极简主义,4K 分辨率"。同时避免使用模糊不清和有冲突的提示词,比如"抽象与写实结合"可能导致 AI 混淆。

(二)AI 图片生成示例

1. 人物摄影风格

图 2-23 是豆包生成的人像摄影风格图片,提示词为:"一个胖嘟嘟的中国小男孩,黑头发,背着书包,手里捧着一摞书,走在学校教学楼的走廊上。"

2. 水墨风景画

图 2-24 是豆包生成的水墨风景画,提示词为:"极简主义,山形,夕阳,水面倒影,透视

美学,红色的枫树,柔和的渐变色彩,一幅中国古代极简绘画,一艘小船正在通过一座小桥,船上有一个人在缓慢地划船,远处还有几艘小船。面纱材质,意境水墨,景色就像在雾里一样。"

图 2-23 豆包生成的人像摄影风格图片

图 2-24 豆包生成的水墨风景画

学以致用

(1) 使用豆包的"图像生成"功能,生成一张"生日祝福"主题图片。并记录:

① 你输入的提示词是什么?

② 生成的效果有哪些不足?

(2) 生成一张"毕业季友情"主题图片。并记录:

① 你输入的提示词是什么?

② 生成的效果有哪些不足?

43

任务 2-4 AI 图片换背景

任务描述

于柄新在朋友圈看到好友晒出在上海虹桥机场的照片,仔细一问才知道是用 AI 换背景生成的图片,于柄新觉得很好玩,也想体验一下这个功能。他找到如图 2-25 所示的小狗图片,想把背景换成夏天桃子成熟的景象。

图 2-25　AI换背景素材图片

任务实现

(1) 打开豆包"图像生成"界面,如图 2-26 所示,单击"AI 抠图"。

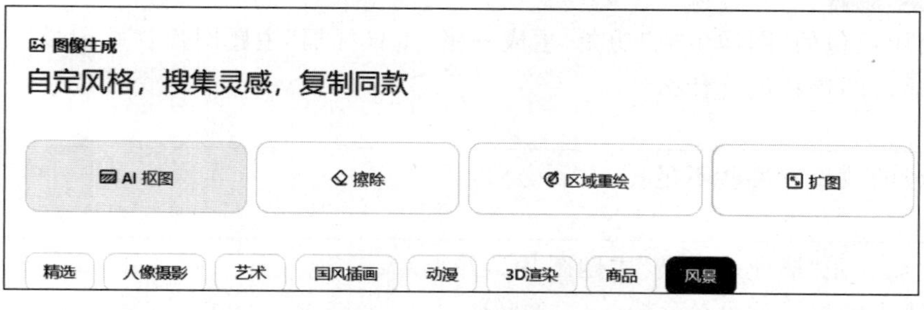

图 2-26　豆包"图像生成"界面

(2) 选择素材中的"小狗"图片,豆包自动抠出画面中的主体"小狗",如图 2-27 所示。

(3) 单击"抠出主体",进入背景处理界面,如图 2-28 所示。

图 2-27　豆包自动抠出主体"小狗"

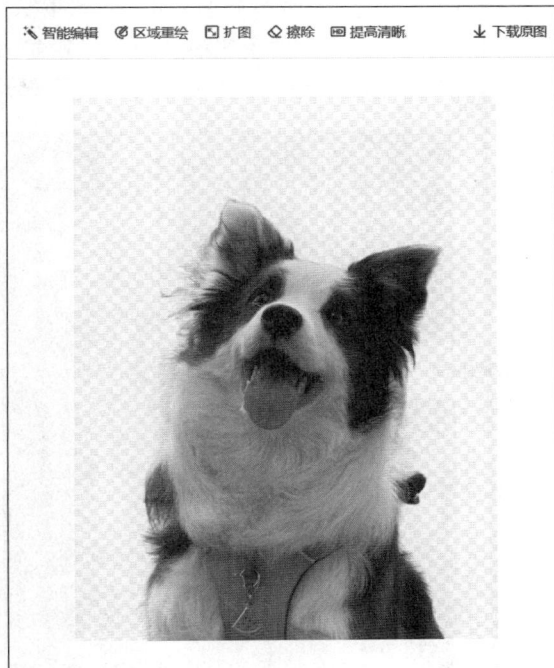

图 2-28　抠出主体后的背景处理界面

（4）在对话窗口写入提示词："背景是夏天，桃树上结满了桃子"，生成的图片效果如图 2-29 所示。

图 2-29　豆包通过文字更换背景

45

（5）单击图 2-28 所示界面中的"区域重绘"，进入智能编辑界面，选取一个成熟的桃子，在弹出的提示框中输入"未成熟的桃子"或者"绿色的桃子"，如图 2-30 所示。

（6）单击"发送"后，选中的成熟的桃子变成了绿色未成熟的样子，如图 2-31 所示。

图 2-30 选取成熟桃子并写入提示词　　　图 2-31 重绘部分区域后的效果

知 识 点

AI 图片处理

一、AI 图片处理工具

除了我们在任务中体验过的豆包更换背景、重绘部分区域等图片处理外，还有很多能够处理图片 AI 工具。下面介绍三款操作简单、功能实用的工具，能够满足普通用户日常的图片处理需求。

（一）美图秀秀

美图秀秀是国民级图片处理工具，内置丰富的 AI 功能，如一键美颜、智能瘦脸、妆容叠加等，可自动识别人像并优化皮肤质感、五官比例。其特色在于提供大量滤镜模板和贴纸素材，适合快速制作朋友圈美照或短视频封面。美图秀秀的新版本还支持 AI 绘画功能，可将照片转化为动漫、水彩等其他风格，轻松玩转艺术效果。

（二）醒图

醒图由字节跳动开发，专注于高清人像处理，通过 AI 算法实现发丝级抠图、背景替换和光影调节。"一键醒图"功能可自动优化照片清晰度，修复模糊或低分辨率图片，尤其适合手机拍摄的日常照片。醒图还提供多款滤镜和模板,例如 ins 风调色、证件照换底色等,操作直观,适合社交媒体内容创作者。

(三)佐糖

佐糖以"免费高效"著称,主打 AI 抠图和去水印功能。上传图片后,AI 能精准识别主体并自动分离背景,尤其适合电商商品图抠白底或制作透明素材。佐糖的去水印工具可智能填充背景,消除杂物或文字痕迹,且支持批量处理。佐糖无须下载软件,网页端即可完成大部分基础编辑需求,省时省力。

二、AI 图片处理能实现的功能

下面详细介绍常用的图片修复、物品移除与添加、更改图片风格这三个功能。

(一)图片修复

图片修复功能主要是对受损或质量不佳的图片进行修复和优化。它可以校正色彩,让因时间等因素导致颜色失真的照片恢复原本应有的色彩。还能去除老照片中常见的噪点和颗粒感,提升清晰度。对于有裂缝、污渍的照片,能够通过分析周围像素信息进行填补和消除。此外,针对人物面部模糊的情况,也可以细致地还原面部特征,让表情更加生动。同时,还能实现拉伸恢复、图像去雾、无损放大等功能,全方位改善图片质量。

图片修复不仅能让承载着家庭回忆的老照片重焕生机,在历史研究与文化保护领域,有助于修复具有历史价值的照片,为研究提供更清晰准确的第一手资料。商业机构可以用其改善宣传活动中老照片的视觉效果,提升品牌形象。

(二)物品移除与添加

物品移除功能借助人工智能技术,能够精准识别并去除图片中不需要的物体,比如旅游照片里的路人、杂物,使图片画面更加干净、整洁。物品添加功能则是根据用户需求,在图片的指定位置添加特定的物品或元素,并且可以保证添加的物品与图片整体的光影、透视、风格等相协调,仿佛原本就存在于图片中一样。

旅游摄影和人像摄影,可移除影响画面美感的多余元素,也能添加一些创意元素来丰富画面内容。视频后期制作中,也可以在动态场景中移除不需要的物体或添加特定的道具、特效等,提升视频的专业感和视觉效果。

(三)更改图片风格

更改图片风格功能可以通过各种算法和技术,将图片的整体风格或局部风格进行转换。例如,把写实风格的图片转换为卡通、油画、水墨画等艺术风格,或者将现代风格的图片改为复古、怀旧风格等。还能针对图片的特定区域,参考另一张图片的风格进行局部重绘,实现风格和内容的一致性。并且可以根据用户输入的文本描述,利用相关编码器实现文本到图像的对齐,按照描述来指导图片风格的更改过程。

艺术家和设计师可以利用此功能快速尝试不同的风格创意,为作品带来更多可能性。在社交媒体和个人创作方面,用户可以将自己的照片更改为各种有趣的风格,增加图片的趣味性和独特性,用于分享和展示个性。

三、AI 图片处理示例

（一）即梦 AI 处理图片

除了生成图片,即梦 AI 还具有强大的图片处理功能。下面使用即梦 AI 快速去除图片背景。

（1）在图 2-18 所示的界面中单击"智能画布",进入即梦图片处理界面,如图 2-32 所示。

图 2-32　即梦 AI 处理图片界面

（2）单击"上传图片",选择素材中的"小狗"图片,原图如图 2-33 所示。

图 2-33　导入"小狗"图片

（3）单击"抠图"，即梦 AI 能很好地识别出主体，如图 2-34 所示。

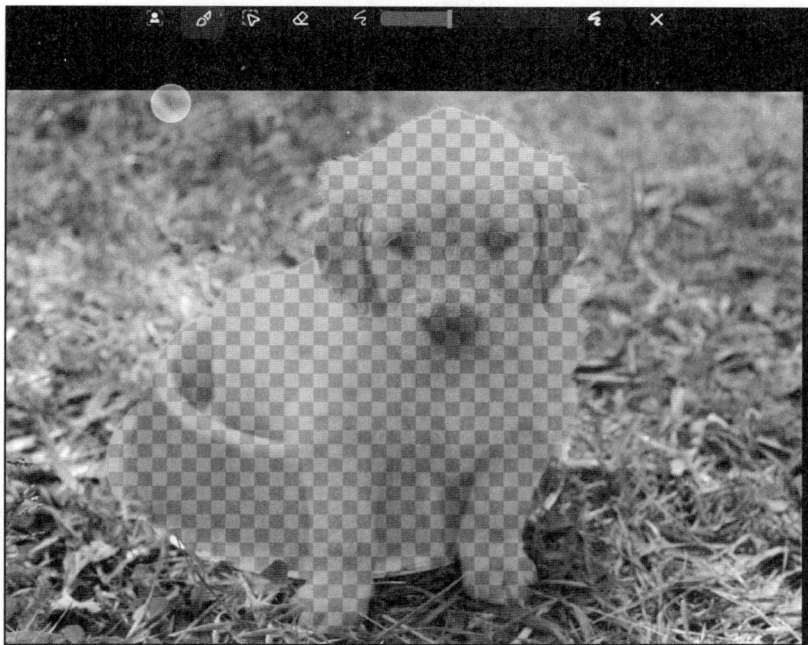

图 2-34　即梦 AI 识别的"小狗"主体

（4）单击下方"抠图"按钮，效果如图 2-35 所示。

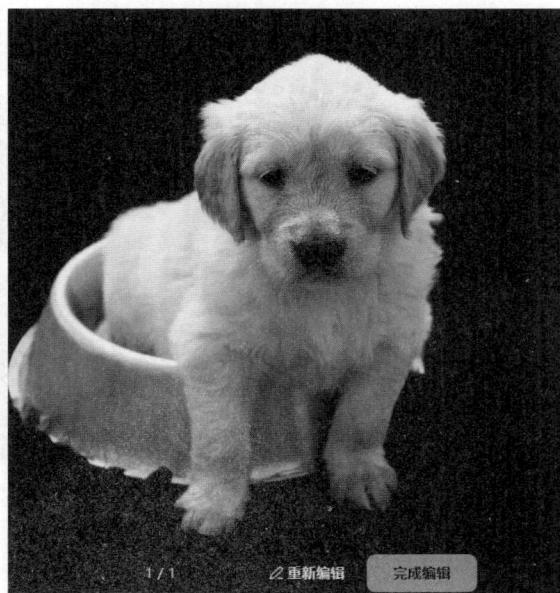

图 2-35　抠除背景的"小狗"图片

（二）佐糖处理图片

下面使用佐糖，去掉背景中的部分物体。

（1）输入网址 https://picwish.cn，打开并登录佐糖，首页如图 2-36 所示。

图 2-36　佐糖 AI 首页

（2）单击"在线消除笔"，选择素材中的"熊猫"图片，进入画面消除页面，如图 2-37 所示。

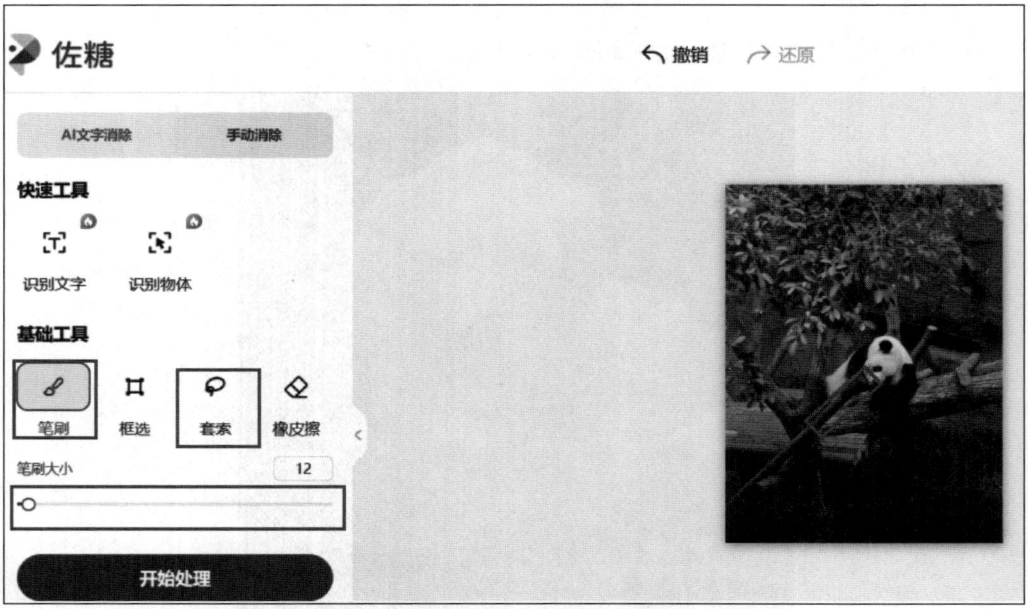

图 2-37　画面消除页面

（3）使用笔刷或者套索，选中"熊猫"图片中大熊猫左前侧的小木棍，然后单击"开始处理"，反复多次操作后，可以去除木棍对熊猫的遮挡，效果如图 2-38 所示。

图 2-38　去除木棍遮挡的效果

学以致用

（1）将素材图片"夏天"的背景替换为"热带海滩"。

（2）将素材图片"办公室会议"的背景替换为"现代科技感会议室"。

模块 3　AI 与办公

任务 3-1　排版"我爱母亲河"征文稿

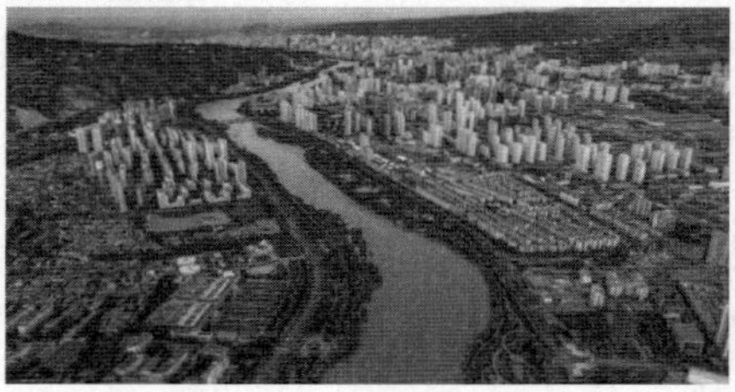

任务描述

　　王萌萌是某高职院校学前教育专业的学生。学校近期正在举办"我爱母亲河"征文活动。王萌萌是兰州人，自小在黄河岸边长大，对黄河有深厚的情感。她决定参加征文活动，并且撰写了征文的文字稿，如图 3-1 所示。

图 3-1　"我爱母亲河"文字稿

　　现在需要对文字稿进行排版，排版效果和要求如图 3-2 所示，然后设置文档打开密码，将文档保存为 PDF 格式。

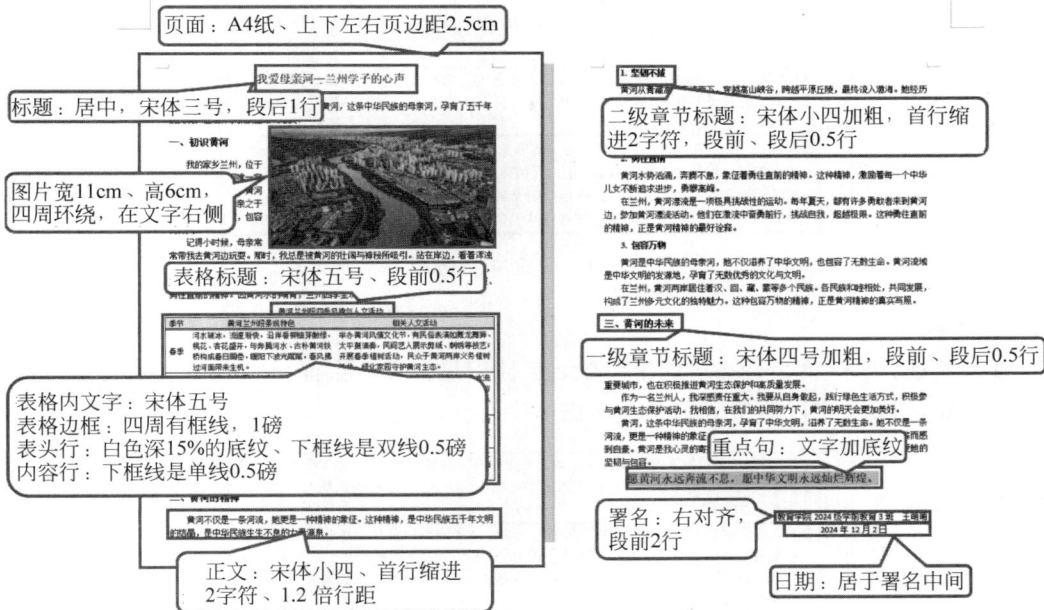

图 3-2 "我爱母亲河"排版格式设置

![任务实现]

如果你不会某些排版操作，可以提问大语言模型。请记录你提问的两个典型问题，以及你与大模型交流排版问题时的心得体会。

典型问题 1：_____。

典型问题 2：_____。

心得体会：_____。

![知识点]

借助大模型解决排版问题

在任务 3-1 中，我们在大模型的辅助下，顺利完成了"我爱母亲河"文字稿的排版。要想与大模型高效地交流排版问题，我们需要掌握文档中排版元素的名称及效果，并且熟悉 WPS 文档窗口的界面组成，这样才能准确描述排版需求，同时按照大模型给出的操作步骤，熟练地操作。

一、文档排版元素

（一）段落

段落格式包括缩进、特殊格式、段落间距（段落之间的距离）等。在"段落"对话框中还可以进行以下操作。

1. 缩进

文本之前：整个段落距离页面左侧的字符数；文本之后：整个段落距离页面右侧的字

文档
排版要素

53

符数。例如,图 3-3 中段落格式为段落之前缩进 2 字符,段落之后缩进 3 字符。

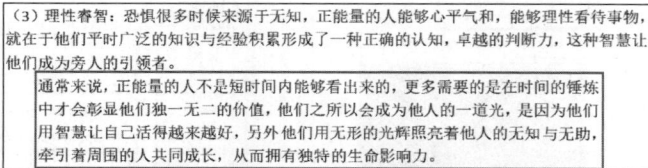

> (3) 理性睿智:恐惧很多时候来源于无知,正能量的人能够心平气和,能够理性看待事物,就在于他们平时广泛的知识与经验积累形成了一种正确的认知,卓越的判断力,这种智慧让他们成为旁人的引领者。
>
> > 通常来说,正能量的人不是短时间内能够看出来的,更多需要的是在时间的锤炼中才会彰显他们独一无二的价值,他们之所以会成为他人的一道光,是因为他们用智慧让自己活得越来越好,另外他们用无形的光辉照亮着他人的无知与无助,牵引着周围的人共同成长,从而拥有独特的生命影响力。

图 3-3　段落左、右缩进

2. 特殊格式

首行缩进:段落第 1 行缩进的字符数;悬挂缩进:段落除首行之外的其他行缩进的字符数。例如,图 3-4 中段落格式为悬挂缩进 3 字符。

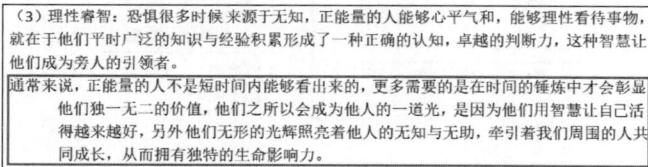

> (3) 理性睿智:恐惧很多时候来源于无知,正能量的人能够心平气和,能够理性看待事物,就在于他们平时广泛的知识与经验积累形成了一种正确的认知,卓越的判断力,这种智慧让他们成为旁人的引领者。
>
> 通常来说,正能量的人不是短时间内能够看出来的,更多需要的是在时间的锤炼中才会彰显他们独一无二的价值,他们之所以会成为他人的一道光,是因为他们用智慧让自己活得越来越好,另外他们无形的光辉照亮着他人的无知与无助,牵引着我们周围的人共同成长,从而拥有独特的生命影响力。

图 3-4　段落悬挂缩进

3. 段落间距

段前:段落距离上一自然段的间隔行数;段后:段落距离下一自然段的间隔行数;行间距:段落中行与行之间的间隔行数。

(二) 图片

1. 图片缩放

图片缩放即放大或者缩小图片,缩放图片时需要注意图片的纵横比问题。图片的纵横比是指图片原始宽度与高度的比例,锁定纵横比是指缩放图片时保持原图片的纵横比不变,当放大(缩小)图片的高度时,图片的宽度会根据原始纵横比自动增大(缩小),这样能保证图片不变形,如图 3-5 所示。

(a) 原图12cm×9.5cm　　(b) 缩小6cm×4.75cm　　(c) 放大18cm×14.25cm

图 3-5　锁定纵横比缩放图片

锁定纵横比虽然能保证图片不变形,但需注意放大后的图片是否清晰,如图 3-6 是某学生制作的社区人口比例图,该图放大后明显模糊不清。

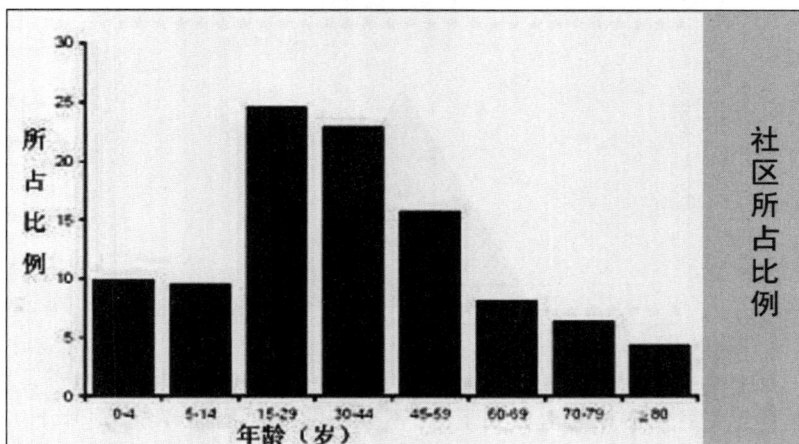

图 3-6　图片放大后模糊不清

取消锁定纵横比后,调整图片的宽度(高度)时,高度(宽度)不会自动跟随改变。取消锁定纵横比缩放图片,仅适合于对图片的宽或高进行微小的调整,如果此时较大幅度地调整图片的宽或者高,会导致图片失真变形。

2. 图片裁剪

图片裁剪是将图片中不需要的部分裁剪掉,可以按比例和按形状裁剪。在图片四周出现八个控点及黑色裁剪边界线,如图 3-7 所示,根据需要拖动控制点将不需要的部分裁剪掉。

按形状裁剪可将图片裁剪成不同的形状,如矩形、圆形、心形等,如图 3-8 是将图片裁剪为心形(为增强显示效果,图片添加了边框)。

图 3-7　按比例裁剪

图 3-8　按形状裁剪

3. 图片环绕

图片环绕方式是指图片与文字之间的位置关系,包括嵌入型、四周型、紧密型、穿越型、上下型、衬于文字下方和浮于文字上方,默认的环绕方式是嵌入型。除嵌入型外,其他环绕方式可在文档中随意移动图片。

（1）嵌入型：图片像一个大的字符一样固定在文本中，图片周围没有文字，图片能随着图片前面文字的增加或减少而移动，但是不能用鼠标移动图片，如图 3-9 所示。

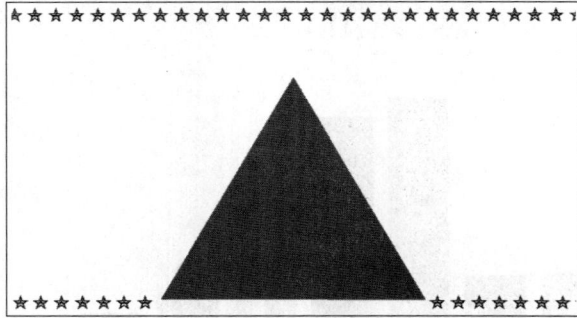

图 3-9　嵌入型环绕

（2）上下型：文字在图片的上方和下方，不会在图片的侧面环绕，图片上方和下方文字的增加或减少不会改变图片位置，可以用鼠标移动图片，如图 3-10 所示。

图 3-10　上下型环绕

（3）四周型：图片占据一个矩形空间，文字环绕在图片的四周，并以图片的矩形边界为界，如图 3-11 所示。

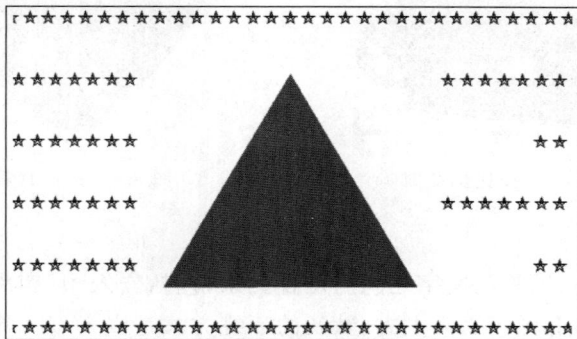

图 3-11　四周型环绕

（4）紧密型：与四周型类似，文字紧紧环绕在图片周围，环绕边界以图片中的内容为准，如图 3-12 所示。

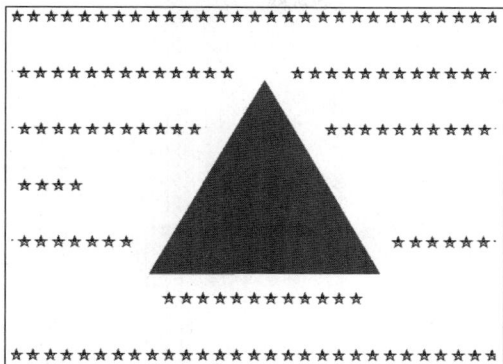

图 3-12 紧密型环绕

（三）页面布局

页面布局包括纸张方向、页面分栏、纸张大小、页面边框等。

1．纸张方向

根据页面排版需要，可设置纸张方向为纵向或横向。

2．页面分栏

页面分栏效果如图 3-13 所示。

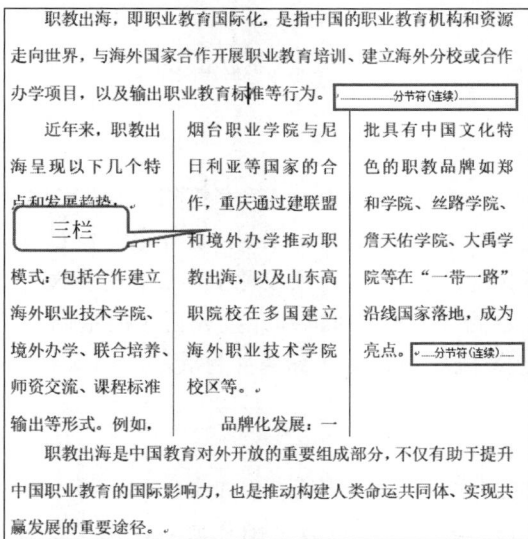

图 3-13 页面分栏效果

3．页面边框

页面边框是为整个页面添加边框，效果如图 3-14 所示。除了整个页面的边框，段落和文字也可以添加边框效果。例如，为段落添加 0.5 磅的红色实线边框，效果如图 3-15 所示。

为文字添加 0.5 磅的红色实线边框,效果如图 3-16 所示。

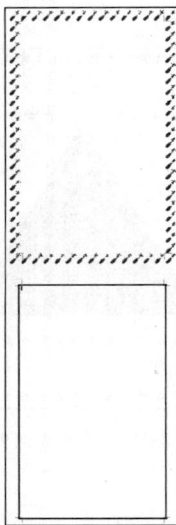

图 3-14　页面不同边框效果

《幼儿园教育指导纲要》也明确指出"家庭是幼儿园重要的合作伙伴。应本着尊重、平等、合作的原则,争取家长的理解、支持和主动参与,并积极支持、帮助家长提高教育能力。"

图 3-15　段落边框效果

《幼儿园教育指导纲要》也明确指出"家庭是幼儿园重要的合作伙伴。应本着尊重、平等、合作的原则,争取家长的理解、支持和主动参与,并积极支持、帮助家长提高教育能力。"

图 3-16　文字边框效果

(四)样式

一方面,样式是一种预设的格式集合,包括字符格式(如字体、字号、颜色)和段落格式(如对齐方式、行距、缩进等),有时还包括页面、列表等更广泛的文档元素格式。在编辑文档时只需单击样式,即可快速应用一系列预设格式,无须逐一调整字体、大小等,提高了排版效率。另一方面,样式也是 WPS 自动识别并生成目录的基础,为不同的标题级别应用相应的样式后,WPS 才能够智能地识别这些标题并将其纳入目录结构中。

(五)页眉和页脚

页眉和页脚是文档内容之外的附加信息,比如文档的注释、页码、日期、单位名称等。

页眉和页脚中不仅可以是文字,还可以是图片或自动图文集等。带书眉线的页眉效果如图 3-17 所示。

××学院毕业论文

图 3-17　带书眉线的页眉效果

（六）目录

目录提供文档内容的总览，展示了文档内容的组织结构，通过查看目录，读者可以快速把握文档的整体框架和深度。在阅读文档的过程中，目录显示在导航窗格，单击目录中的标题能够在文档中快速跳转和精准定位，而无须拖动滚动条或者反复滑动鼠标，方便信息查找。这一点在长文档中尤其重要，因此长文档应添加目录。

要使文档中的章节标题成为目录中的一项，需要将此章节标题设置为相应级别的样式，生成目录后即可成为目录项。

二、WPS 文档窗口

WPS 文档窗口如图 3-18 所示。

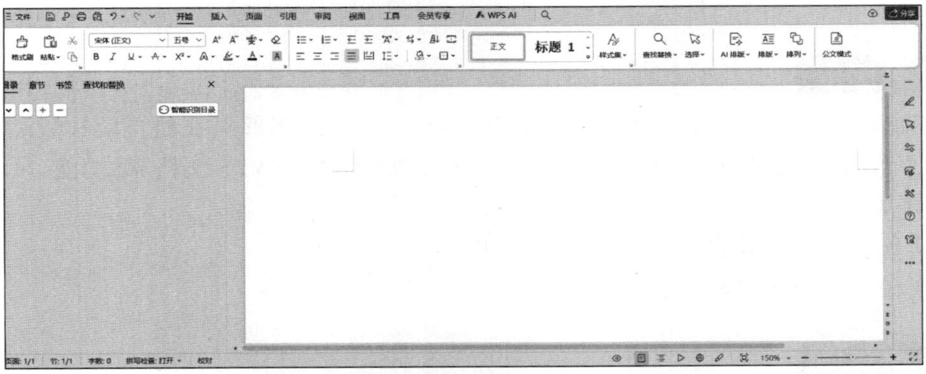

图 3-18　WPS 文档窗口

在该窗口中，包含的交互控件有菜单栏、菜单、菜单项、工具栏、快捷按钮、编辑区、状态栏、任务窗格、导航窗格、功能区、分组、对话框指示器。

三、高效交流排版问题

要想与大模型高效交流排版问题，应注意以下方面。

（一）明确软件名称与版本

例如，"使用 WPS 2023 版，如何设置首行缩进 2 字符？"

（二）定位功能位置

描述时结合界面元素，例如，"在'开始'选项卡的'段落'组中，找不到'分散对齐'按钮。"

（三）具体描述需求或问题现象

错误示例："我的文字排版乱了。"
正确示例："插入图片后，文字环绕方式设置为'四周型'，但图片右侧仍有空白。"

（四）分步骤复现操作过程

例如，"我单击了'插入'→'图片'→'来自文件'，但图片无法调整透明度。"

（五）使用专业术语

避免模糊表述，如将"文字间隔"改为"字符间距"，将"分页"改为"插入分页符"。

学以致用

口腔技术专业毕业的张同学，任职于某口腔诊所，从事口腔护士工作。面向幼儿顾客，诊所计划组织一场"牙齿运动会"，张同学负责制定活动方案。在 WPA 文档 AI 的辅助下，张同学完成了活动方案的撰写和排版。

任务
实现步骤

任务 3-2　AI 排版"饮食与健康"

任务描述

王萌萌发现 WPS 增加了 AI 功能，不但能续写文章，还能够对文档自动排版。王萌萌通过对文档"饮食与健康.docx"的阅读分析和自动排版，体验 WPS 文档 AI 功能。

具体如下。

（1）使用 AI 对"饮食与健康"文档进行排版。

（2）生成带格式的请假条。

任务实现

WPS 文字的 AI 功能，仅对 WPS 付费会员提供，现阶段可申请成为 WPS AI 体验官，登录网址 https://www.kdocs.cn/aicode/apply 填写申请表，通过申请后即可体验 WPS AI 功能。

（1）打开素材文件"饮食与健康.docx"，单击窗口右上角的 WPS AI 选项，窗口右侧出现 WPS AI 任务窗格，如图 3-19 所示。

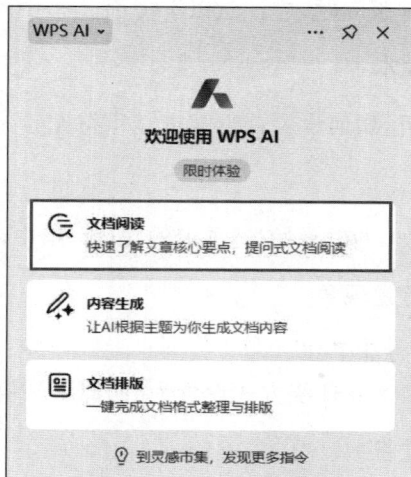

图 3-19　WPS AI 任务窗格

（2）AI 进行文档排版。单击图 3-20 左上角的"返回"按钮，选择"文档排版"功能，打开"文档排版"任务窗格，鼠标指针移动到"通用文档"，然后单击"开始排版"。排版完成后，在文档底部出现确认对话框，选中"显示目录"复选框，单击"应用到当前"，如图 3-21 所示。文档排版效果及生成目录如图 3-22 所示。

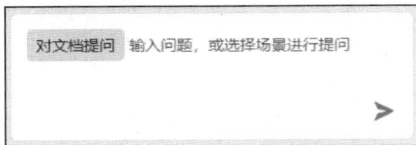

图 3-20　"输入问题"对话框

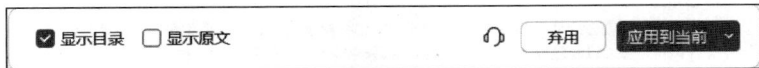

图 3-21　排版确认对话框

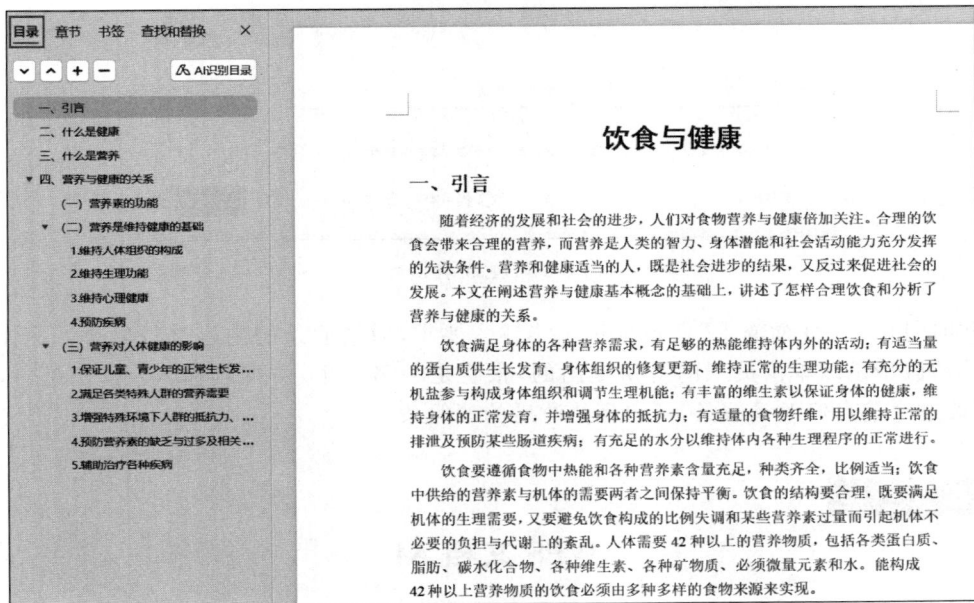

图 3-22　"饮食与健康"AI 排版效果

（3）对比排版前和排版后的文档，记录下在哪些方面进行了格式设置。

新建空白文档，单击 WPS AI→"内容生成"→"申请"→"请假条"，文档中出现请假条模板，如图 3-23 所示。

图 3-23　请假条模板

在请假条模板的相应位置替换请假人、请假原因、请假天数及请假的起始日期等信息，例如，张晓家中有事 2 天 2024 年 4 月 25 日，单击右下角的"生成"按钮或 Enter，即可在文档中生成带格式的请假条，如图 3-24 所示。

61

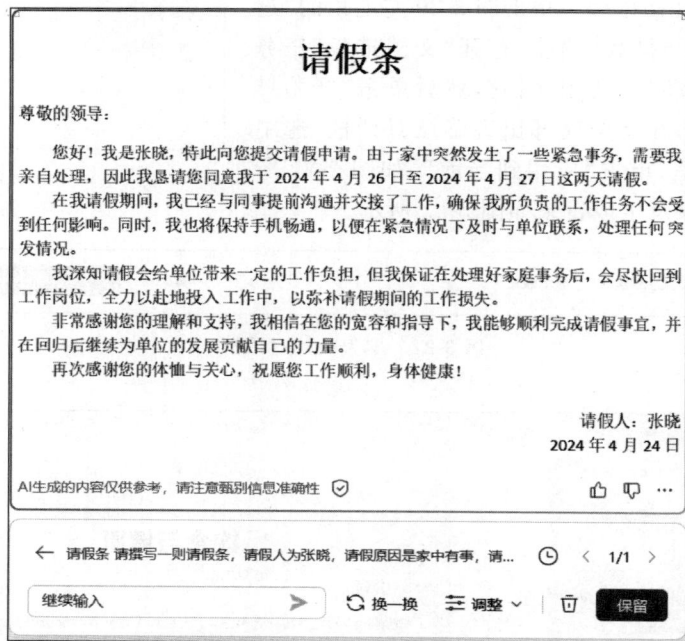

图 3-24　生成请假条

此时可以在"继续输入"文本框进一步输入要求,对请假条的内容进行修改。例如,我们发现请假条是以单位员工的身份提出的,张晓是一名学生,可继续输入:张晓是一名学生,请按这个信息修改请假条,可得到修改后的请假条。

知 识 点

WPS 文档 AI

我们在处理日常文档时,可以借助 WPS 文字的 AI 功能,降低处理难度,提高处理速度。WPS 文字的 AI 功能包括对文档内容进行阅读分析、按要求生成文档内容、按照模板对文档进行自动排版。

一、文档阅读

在任务 3-2 中我们已经体验了 AI 文档阅读功能,利用此功能不仅可以对文档进行分析、概括大意,还能够针对文档内容或相关内容进行提问,并快速得到解答。这使用户能以人机对话的方式询问文档细节,提炼要点,在很大程度上提高了长文档的阅读效率。

在使用 AI 进行文档阅读和问答时,为了能够让 AI 弄懂问题,提高答案质量,可以遵循以下提问技巧。

(一)明确具体,避免歧义

尽量提出具体明确的问题,避免模糊、宽泛或者表述不清晰的提问。例如,不要问"这篇文档讲了什么",而是应该问"这篇文档的主要观点是什么"或"文档中关于××的具体案例是什么"。

（二）使用关键词

在问题中包含文档中的关键词或短语，有助于 AI 更快地定位到相关段落并提供准确答案。在可能的情况下，提及问题相关的上下文信息，例如引用文档中的一句话或段落，这样可以帮助 AI 更准确地理解你所指的内容。

（三）分步提问

如果问题比较复杂，尝试将其拆分为几个简单的小问题，逐步深入，直到得到全面答案。同时，针对同一个问题，可根据 AI 给出的答案，尝试调整问题的表述或细化问题内容，再次提问。例如，任务 3-2 中 AI 总结的文章大意文字过多，不够简练，可将问题修改为：使用简练的文字总结本文内容，不超过 100 字。

二、内容生成

WPS 文档的 AI 内容生成功能，根据生成文档的格式和内容，可分为生成纯文本文档和生成格式文档两种方式。

（一）生成纯文本文档

WPS AI 可以根据用户输入的要求，生成未排版的纯文本文档，用户可以根据需要自行排版。利用这个功能可以自动产生文章、报告、评论等，生成纯文本文档时，既可以生成新文档，也可以在原有文档的基础上进行续写和改写。

1. 生成新文档

新建空白文档，连续按击两次 Ctrl 键，打开"输入问题"对话框，如图 3-25 所示。在输入框中输入要求，按 Enter 键，即可生成文本。下面以"运动会加油稿"为例，体验 WPS AI 内容生成的功能。

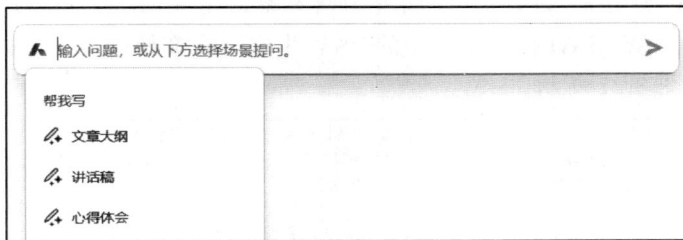

图 3-25　新文档"输入问题"对话框

（1）在输入框中输入"运动会加油稿"，按 Enter 键后打开"内容选取"对话框，如图 3-26 所示。

（2）阅读 AI 生成的文本，若不能满足需求，可在对话框底部的"继续输入"文本框中输入其他主题词，如 800 米跑步、跳高加油稿等，即可重新生成文档。

（3）若生成的文本较少，可单击"继续写"按钮，在现有文本的基础上进行内容续写。

（4）单击"调整"按钮可打开下拉列表，包含"扩写""缩写"或"转换风格"命令，可以对现

亲爱的同学们:

在这充满激情与活力的日子里,我们迎来了学校的运动会。在此刻,我们不仅是在竞技场上展现我们的实力,更是在展现我们的团队精神和个人毅力。

运动会是展现自我的舞台,是挑战自我的机会。无论是在跑道上飞驰,还是在跳远沙坑上奋力一跃,每一个参与者都是最闪耀的明星。我们要全力以赴,用汗水和努力书写青春的篇章。

加油稿是给运动健儿们的最美好祝福。让我们用热情洋溢的语言,为他们打气助威。相信在你们的鼓舞下,他们将更加勇往直前,创造佳绩。

同时,也要注意安全,保持体力。友谊第一,比赛第二。让我们在运动中享受快乐,收获成长。

最后,预祝本次运动会圆满成功,祝愿每一位运动员取得优异的成绩!加油!

AI生成的内容仅供参考,请注意甄别信息准确性

← 运动会加油稿   限时体验 < 1/1 >

继续输入 >   ↻ 换一换 ⇄ 调整 ∨ ✎ 继续写 🗑 保留

图 3-26 "内容选取"对话框

有文本进行扩写或者缩写,或者调整现有文本的撰写风格。

(5)单击"保留"按钮,关闭"内容选取"对话框,返回文档编辑窗口,生成的文本成为文档的一部分,我们可以根据实际需要对文档内容、格式等进行人工编辑。

(6)单击"垃圾桶"图标,弃用 AI 生成的文本。

仔细阅读 AI 生成的加油稿,发现文档是从运动会组织方的视角,对所有运动员的鼓励。如果是针对某个运动员,或者某个运动项目的加油稿,就需要提供更加明确具体的提示词。例如,张晓的同学小李报名参加了女子 100 米短跑比赛,张晓想撰写一篇加油稿,为小李加油鼓劲。可将要求修改为:我的同学小李参加校级运动会女子 100 米短跑比赛,请帮我撰写一篇加油稿,为小李加油。

2.续写已有文档

WPS 文字 AI 除了自动生成新文档,还可以续写已有文档,续写时需要给出续写方向。下面以续写文档"营养素"为例,体验 AI 的续写功能。

打开素材文件"营养素",已有文字内容为营养素的定义,我们希望续写关于营养素功能方面的内容,单击 WPS AI 任务窗格中的"内容生成",在文档中出现"输入问题"对话框,选择"继续写",如图 3-27 所示。

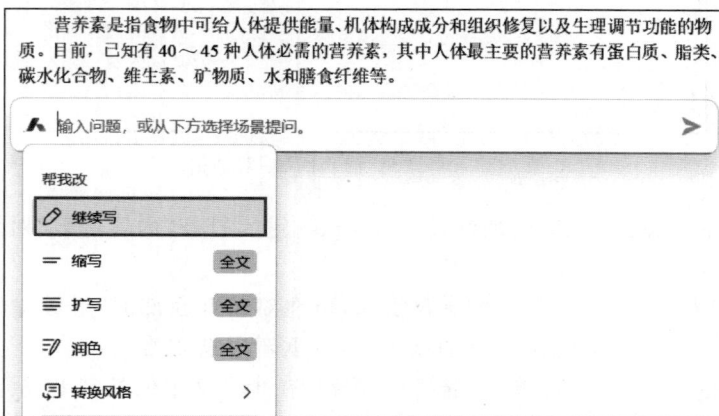

营养素是指食物中可给人体提供能量、机体构成成分和组织修复以及生理调节功能的物质。目前,已知有 40～45 种人体必需的营养素,其中人体最主要的营养素有蛋白质、脂类、碳水化合物、维生素、矿物质、水和膳食纤维等。

⚡ 输入问题,或从下方选择场景提问。 >

帮我改

✎ 继续写

= 缩写   全文

☰ 扩写   全文

✐ 润色   全文

🔄 转换风格   >

图 3-27 已有文档"输入问题"对话框

选择续写操作后,提示输入文档续写的方向,如图 3-28 所示。在"原因分析"文本框中输入续写关键词:营养素的功能。按 Enter 键执行,即可得到续写内容。

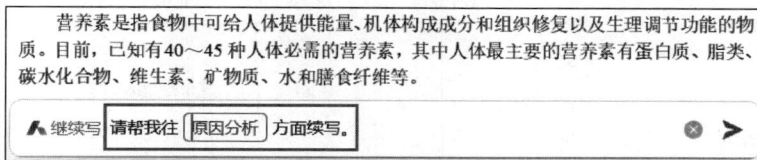

> 营养素是指食物中可给人体提供能量、机体构成成分和组织修复以及生理调节功能的物质。目前,已知有40~45种人体必需的营养素,其中人体最主要的营养素有蛋白质、脂类、碳水化合物、维生素、矿物质、水和膳食纤维等。
>
> ∧继续写　请帮我往　原因分析　方面续写。　　　　　　　　　　　✕　➤

图 3-28　"续写方向"对话框

(二) 生成格式文档

格式文档是指除了文字,还设置了文本、段落、页面格式的文档。WPS 文字 AI 能够生成的格式文档包括请假条、通知、个人简历、行政公文等,下面以请假条为例,体验一下格式文档的生成过程。

三、AI 排版

WPS 文字的 AI 排版功能,实质上是按照已有的模板,自动对文档进行排版。模板中预设了页面、标题、正文、图表等文档要素的格式,除了使用系统提供的模板,用户还可以创建自己的模板。单击 WPS AI 任务窗格中的"文档排版",出现"文档排版"任务窗格。

(一) 系统模板

WPS 文字 AI 提供的系统模板有学位论文、党政公文、合同协议、招投标文书和通用文档模板。

1. 通用文档模板

通用文档模板适用于日常办公文档的排版,提供统一、规范的基础格式设计。在任务 3-2 中,排版前"饮食与健康.docx"中的文字均为默认的宋体、五号、单倍行距;排版后文档的标题、正文、章节标题等均设置了新格式,例如标题格式为:黑体二号、加粗、段前段后5磅、居中,二级章节标题格式为:标题 2、宋体小三、加粗、段前段后5磅。

2. 专用模板

专用模板有学位论文(可明确到具体的高校)、党政公文、合同协议、招投标文书模板,这些模板预设了特定类型文档的格式,适应不同场景的排版需求。

(二) 用户模板

用户可以根据需要创建自己的个性化模板,单击图 3-29"文档排版"任务窗格中的"我的模板",上传已经排好版的文档,打开"新建模板"对话框,如图 3-30 所示。可以对模板中文档要素的已有样式进行编辑,也可以添加模板中不存在的新样式。

单击"保存",新模板显示在"我的模板"栏,以后便可直接调用此模板对相关文档进行快速、自动排版。

图 3-29 "模板选择"任务窗格

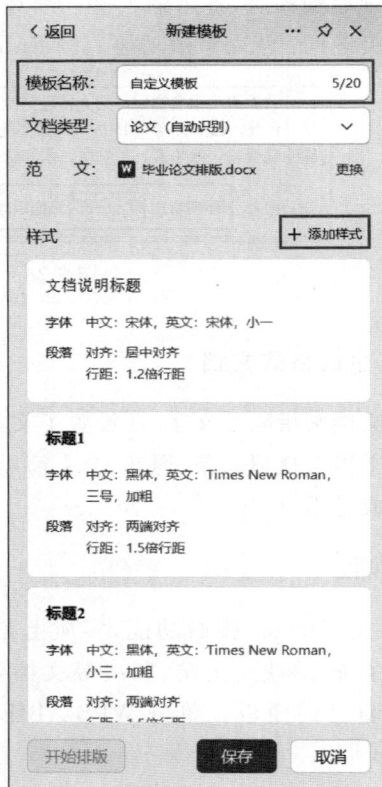

图 3-30 文档格式模板

学以致用

建筑室内设计专业毕业的于同学，任职于某教育培训机构，担任学生管理师。工作三年来兢兢业业，深受领导、同事和学生家长的好评。近期主管安排于同学制作一份学生管理师业务知识测试卷，用于对新入职员工的培训考核。在 WPA 文档 AI 的辅助下，于同学确定了 6 道考题，请按照试卷格式进行了排版。

任务 3-3　AI 辅助处理"成绩表"

任务描述

根据学院管理规定，学生的综合成绩由两部分组成：一是学业成绩，即各门课程的成绩，占 80%；二是表现成绩，即平时参加课外活动、参加各种比赛、任职以及助人为乐等各方面表现的成绩，占 20%。

现在需要根据学业成绩和表现成绩，计算每位学生的综合成绩，再分别按照学业成绩和综合成绩排名次。综合成绩影响着奖学金评定和班干部竞选，王萌萌决定认真完成这项

任务,具体包括:

(1)核算每位学生学业成绩的总分、平均分、名次;

(2)计算每位学生表现成绩的总分;

(3)将每位学生的综合成绩放置在一张新工作表中,工作表包含学号、姓名、学业总分、表现总分、综合总分、名次等 6 列;

(4)将综合总分前 5 名的学生信息设置为红色;

(5)筛选出学业总分大于 500、表现总分小于 10 的学生;

(6)制作成绩分布图。

任务实现

一、核算学业成绩

(1)选中 I3,单击 WPS AI 选项卡,打开 WPS AI 菜单列表,单击"AI 写公式",如图 3-31 所示。

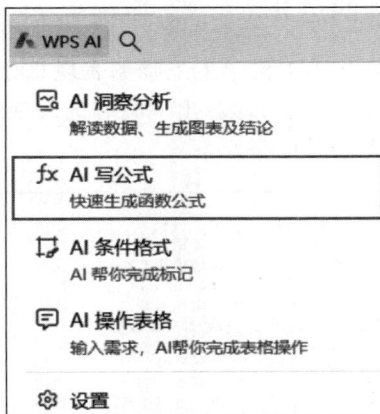

图 3-31　"WPS 表格 AI"菜单列表

(2)弹出图 3-32 所示的"AI 写公式"对话框,在"提问"栏中输入"计算 C3 到 H3 的和";按 Enter 键后,出现"公式确认"对话框,如图 3-33 所示。

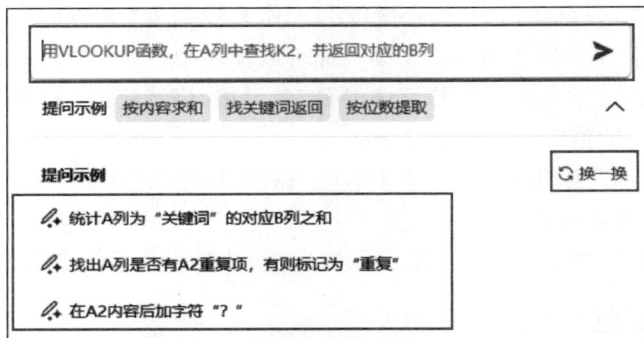

图 3-32　"AI 写公式"对话框

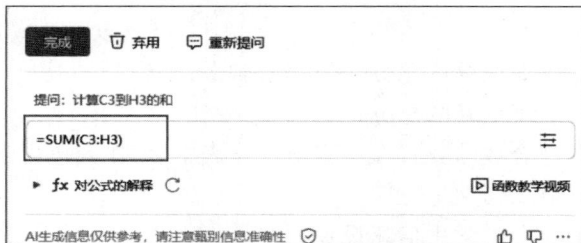

图 3-33 "公式确认"对话框

（3）单击"完成"，在 I3 中出现学业总分；选中 I3 单元格，鼠标指针放置在单元格右下角填充柄，鼠标指针形状变为"＋"时，按住鼠标向下拖动，计算出其他学生的总分。

（4）仿照上面的步骤，输入"计算 C3 到 H3 的平均值"计算出平均分。

（5）在"AI 公式"对话框中输入"I3 在 I3 到 I42 的名次"，得到公式"＝RANK(I3,I3:I42)"，将公式中"I3:I42"修改为"I\$3:I\$42"，按 Enter 键后计算出 I3 的位次；拖动填充柄计算出剩余学生的名次。

二、计算每位学生表现成绩的总分

打开"表现成绩"表，首先合并第 1 位学生王晓娜表现总分占据的 G3 到 G13 单元格，然后对 F3 到 F13 中的数据进行求和计算，计算出王晓娜的表现总分，如图 3-34 所示。依照此方法，逐个计算其他学生表现成绩的总分。

	学号	姓名	时间	名称	类型	所加分数	总分
3			整学期	班长	职务	9	
4			11月15日	舞蹈大赛	比赛	5	
5			11月27日	微博征文大赛	比赛	2	
6			11月17日	暖冬新立河	活动	2	
7			11月26日	绘画大赛	比赛	2	
8	1	王晓娜	12月29日	协助整理办公室	其他	4	44
9			11月28日	无偿献血	活动	8	
10			12月31日	元旦晚会	活动	3	
11			11月8日	成语大赛	比赛	3	
12			11月9日	汉字听写比赛	比赛	2	
13			10月10日	短视频拍摄	比赛	4	

图 3-34 "表现成绩"表

三、核算综合成绩

（1）新建工作表，并重命名为"综合成绩"，工作表标题为"生物制药二班综合成绩表"，将学业成绩表中姓名和学号两列数据复制到综合成绩表中。

（2）在 C2 中输入"学业总分"，然后选中 C3 单元格，仍然使用"AI 公式"，在"提问"栏输入"学业成绩表中 I3 的值"，引用学业总分。

（3）在 D2 中输入"表现总分"，单击 D3，在"提问"栏输入"在表现成绩表 A 列查找 A3，返回 G 列的值"，引用表现总分。

（4）按照学业总分 80％、表现总分 20％的比例，计算综合总分和名次。

四、前 5 名标注红色

在"WPS 表格 AI"菜单列表中单击"AI 条件格式"，在"AI 条件格式"对话框的"提问"

栏,仿照提问示例,输入"把 F 列中小于 6 的整行标记为红色字体",在图 3-35 所示的"条件格式确认"对话框,单击"完成"即可。

图 3-35　"AI 条件格式"对话框

五、筛选

在"WPS 表格 AI"菜单列表中单击"AI 数据问答",在窗口右侧出现"AI 数据问答"任务窗格,单击"查看示例",查找与筛选有关的示例;在"AI 操作列表"中选择"筛选排序",在"提问"栏中仿照示例,输入"筛选出学业总分大于 500 且表现总分小于 10 的学生",如图 3-36

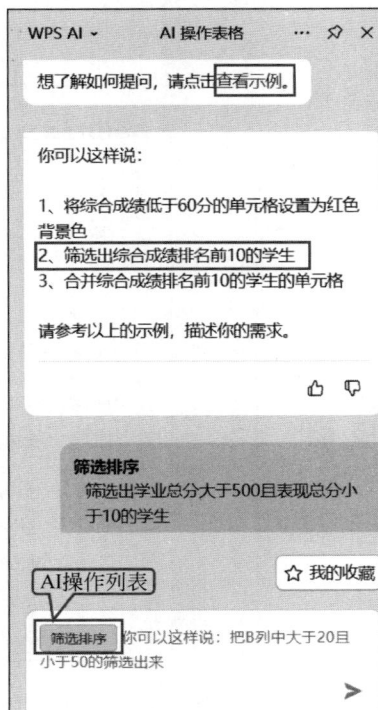

图 3-36　"AI 操作表格"任务窗格

所示,按 Enter 键后 AI 自动进行筛选,并提示确认筛选结果。

六、成绩分布图

(1)单击 WPS AI→"AI 表格助手",在"提问"栏输入"复制综合成绩表,并命名为成绩分布",复制一份综合成绩表。

(2)在成绩分布表中,单击 WPS AI→"AI 数据问答",右侧弹出"AI 数据问答"任务窗格,窗格中自动对成绩分布表中的数据进行了扫描,识别出这是属于教育行业的数据,如图 3-37 所示;用柱形图展示每位学生的成绩情况,如图 3-38 所示。

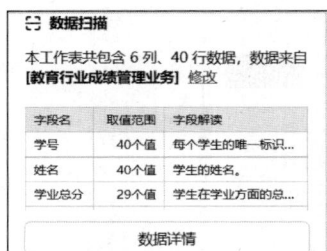

图 3-37　AI 数据扫描结果

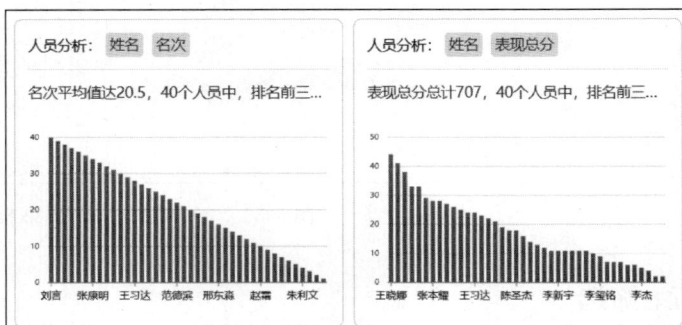

图 3-38　AI 成绩分析结果

(3)在"提问"栏中输入"请制作综合总分的成绩分布柱形图",在窗格中制作完成柱形图,如图 3-39 所示;单击柱形图右上角的"更换图表"图标,可以更换成其他图表类型,如图 3-40 所示的是面积图。

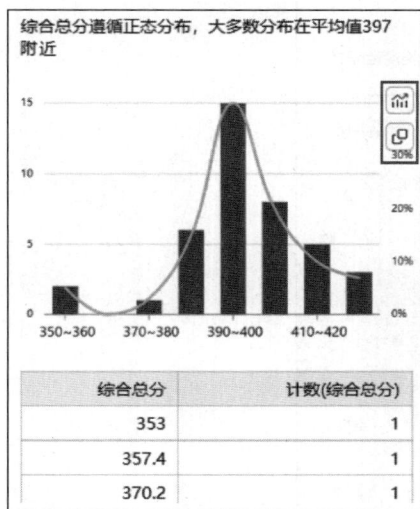

图 3-39　成绩分布柱形图

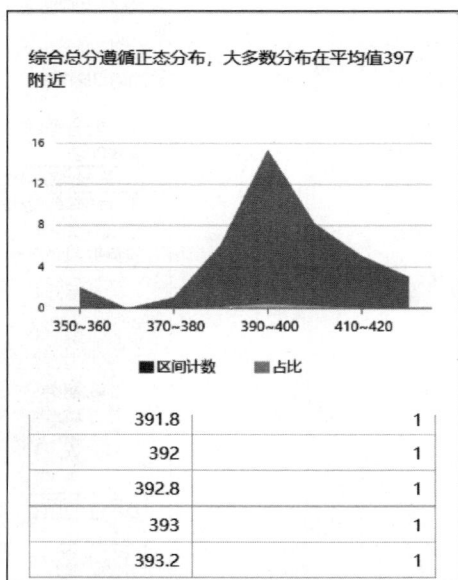

图 3-40　成绩分布面积图

知 识 点

AI 处理表格

通过完成任务 3-3 可以看到,WPA 表格的 AI 功能包括对数据自动进行分析、AI 写公式、AI 条件格式和对话方式操作表格。

一、WPS 表格的 AI 功能

AI 数据洞察功能帮助用户快速理解和分析表单数据,自动生成包含洞察摘要、数据描述、结果解释和结论建议等内容的分析报告,为用户提供决策支持。

AI 写公式功能允许用户使用自然语言描述他们的需求,AI 自动生成匹配的公式,简化了公式的编写过程,使得用户无须深入了解 Excel 公式的语法,就能完成数据计算。

AI 条件格式功能允许用户通过自然语言描述条件,AI 自动识别数据是否满足条件并应用相应的格式,使得关键数据一目了然。

对话操作表格功能允许用户通过人机交互方式,使用自然语言与表格进行交流,例如在任务 3-3 中我们通过语言描述进行了数据筛选和工作表复制。对话操作表格涵盖表格操作的各个方面,数据录入、编辑、格式化等,工作表的编辑和格式化等。

二、AI 功能使用建议

在使用 WPS 表格 AI 功能时,问题描述方式对于 AI 理解问题和执行操作至关重要。以下是作者的经验总结。

(一)用词准确、信息明确

使用准确的术语表达需求,有助于 AI 提供更精确的操作。例如,任务 3-3 中前 5 名学生标注红色,应指明"标注为红色字体",如果只说"标注红色",那么 AI 会设置单元格红色背景。

表达需求时应尽量提供具体信息,比如使用单元格名称,而不是"第 2 位学生的英语成绩"这样的文字描述,有助于 AI 更准确地理解你的意图。

(二)逐步提问、不断迭代

避免在一个提问中涉及多个操作,逐步提问可以使 AI 更容易正确完成操作。例如,问题描述"合并 G2 和 H2,并将值设置为两位小数,居中对齐。"此问题包含三个操作,AI 未能正确识别,如图 3-41 所示。如果将问题分解为三个描述,AI 均能够正确执行。

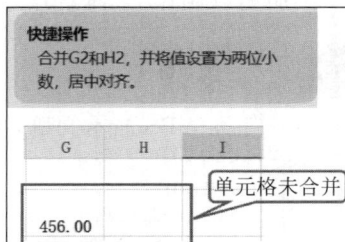

图 3-41　复杂提问示例

如果 AI 的回答或操作不符合预期,则根据结果不断调整问题描述,直到 AI 正确理解并执行操作。例如在综合成绩表中引用学业总分时,描述为"引用学业成绩表中的 I3 单元格",AI 表示无法理解这个问题,如图 3-42 所示。将描述修改为"学业成绩表中 I3 单元格的值",AI 则完成了操作。

（三）参考 AI 示例

在描述问题之前,查看 WPS 表格 AI 提供的提问示例中是否有相关的问题描述,如果有,仿照示例的格式描述问题。当 AI 的操作结果不符合预期时,单击"弃用",然后查看 AI 对此类问题的提问示例,如图 3-43 所示。

图 3-42 多次提问示例

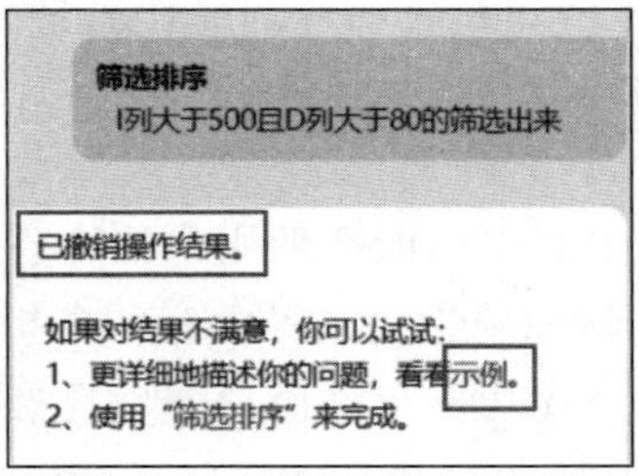

图 3-43 弃用操作示例

（四）必要的人工操作

WPS AI 功能处于不断完善中,有的操作不能通过 AI 实现,例如多关键字的排序、复杂表格中的操作,在表现成绩表中计算每位学生表现成绩的总和。因此,不能有什么事都依赖 AI 的心理,必要时应手动介入来完成任务。

学以致用

口腔医学技术专业毕业的张同学,自主经营着一家牙科诊所。因店铺升级,诊所面临重新装修。请根据素材"诊所装修记录",协助张同学核算装修费用。

任务 3-4 使用 AI 制作"上海景点介绍"PPT

任务描述

王萌萌以制作"上海景点介绍"演示文稿为例,体验 WPS 演示文稿的 AI 功能。

任务实现

（1）启动 WPS 演示文稿,单击"AI 生成 PPT",如图 3-44 所示。

图 3-44 新建演示文稿选项

（2）新建演示文稿文件，并且出现"AI 生成 PPT"对话框，如图 3-45 所示，在该对话框中输入演示文稿主题，然后单击"开始生成"。

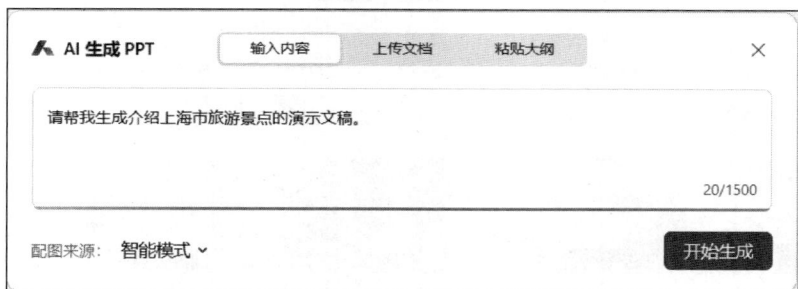

图 3-45　"AI 生成 PPT"对话框

（3）系统根据输入的主题，首先生成演示文稿的内容大纲，此时可以对内容大纲进行增加和删除，如图 3-46 所示。

图 3-46　自动生成演示文稿内容大纲

（4）确定内容大纲后，单击"选择模板"，出现图 3-47，用来选择演示文稿的使用场景和风格，选定后，单击"开始生成 PPT"。

图 3-47　选择应用场景和风格

（5）此时系统自动制作演示文稿，稍等片刻后，制作完成的演示文稿如图 3-48 所示。

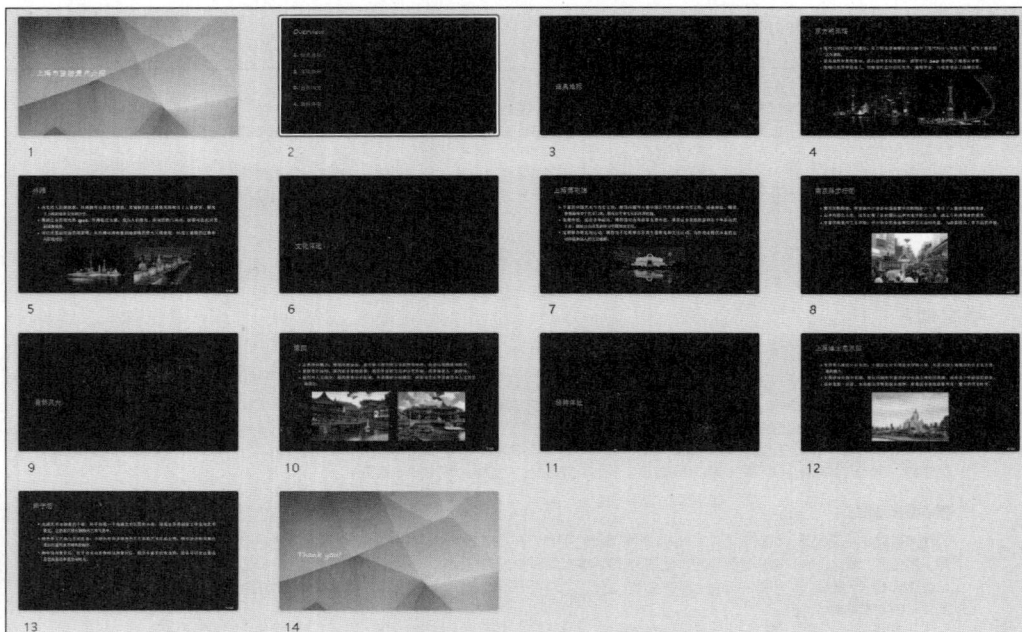

图 3-48　AI 生成的 PPT

（6）对演示文稿进行质量分析如下。

① 演示文稿的结构是否完整＿＿＿＿＿＿＿＿＿＿＿＿＿＿＿＿＿＿＿＿＿＿

② 颜色方案是否符合主题＿＿＿＿＿＿＿＿＿＿＿＿＿＿＿＿＿＿＿＿＿＿＿

③ 资源类型有＿＿＿＿＿＿＿＿＿＿＿＿＿＿＿＿＿＿＿＿＿＿＿＿＿＿＿＿＿

④ 图文信息是否一致＿＿＿＿＿＿＿＿＿＿＿＿＿＿＿＿＿＿＿＿＿＿＿＿＿

⑤ 有无版式＿＿＿＿＿＿＿＿＿＿＿＿＿＿＿＿＿＿＿＿＿＿＿＿＿＿＿＿＿＿

⑥ 图片是否恰当＿＿＿＿＿＿＿＿＿＿＿＿＿＿＿＿＿＿＿＿＿＿＿＿＿＿＿

知 识 点

AI 制作演示文稿

一、演示文稿基本要素

（一）演示文稿的适用场景与风格

演示文稿的视觉风格是指演示文稿所用的色彩、图片、图标、形状等设计元素带给人的视觉感受，就和个人穿衣风格、家庭装修风格一样，可大体分为简约风、清新风、科技风、党政风、商务风、卡通风、中国风和欧美风。如同什么场合穿什么衣服，不同风格的演示文稿也有其适应的场景。演示文稿的风格特点及适用场景如表 3-1 所示。

表 3-1　演示文稿的风格特点及适用场景

名　　称	特　　点	适 用 场 景
简约风（扁平风）	• 简洁，无背影、渐变、3D 效果 • 单调的色系为主，没有明显色彩差异 • 纯色形状、ICON 图标	培训、商务、汇报等工作领域
清新风	• 简单、抽象、明快 • 以朴素淡雅的色彩和明亮的色调为主，有文艺感 • 多用图片	• 婚礼庆典、年会等非正式场合 • 年轻人居多 • 生活类主题
微立体风	• 有质感 • 通过阴影、色彩渐变达到立体效果 • 有凹凸变化	任意场合
卡通风	• 使用卡通人物等卡通素材 • 纯色背景	幼儿，轻松、生活类主题
中国风	• 具有浓厚的中国传统文化气息 • 使用水墨、剪纸、毛笔、印章、陶瓷等中国传统特殊元素	文学、生活类主题
欧美风（杂志风）	• 类似于画册、杂志 • 高清图片较多 • 色彩搭配大胆	产品发布

（二）幻灯片的版式

1. 版式及其作用

幻灯片版式是 WPS 演示提供的一种方便用户进行格式化设计的预设操作，通过在幻灯片中预设占位符，设置了文字、图片、表格、图表等元素的位置和大小，制作者利用版式，可以快速制作幻灯片。

两栏版式有三个占位符，标题占位符、图片占位符、内容文本占位符，分别设置了相应元素的位置和格式，比如标题的字体字号为：微软雅黑，加粗，36 号，如图 3-49 所示。这些都是默认的效果，可直接使用或进行局部调整。

图 3-49　两栏版式默认效果

2. 内置版式

WPS 演示中提供了 11 种内置版式,有标题版式、空白版式等,如图 3-50 所示。不同的版式适用于不同的内容需求,如图 3-49 所示的两栏版式,适用于两部分并列内容;标题和内容版式,适用于有图片或文字且带有标题的内容。

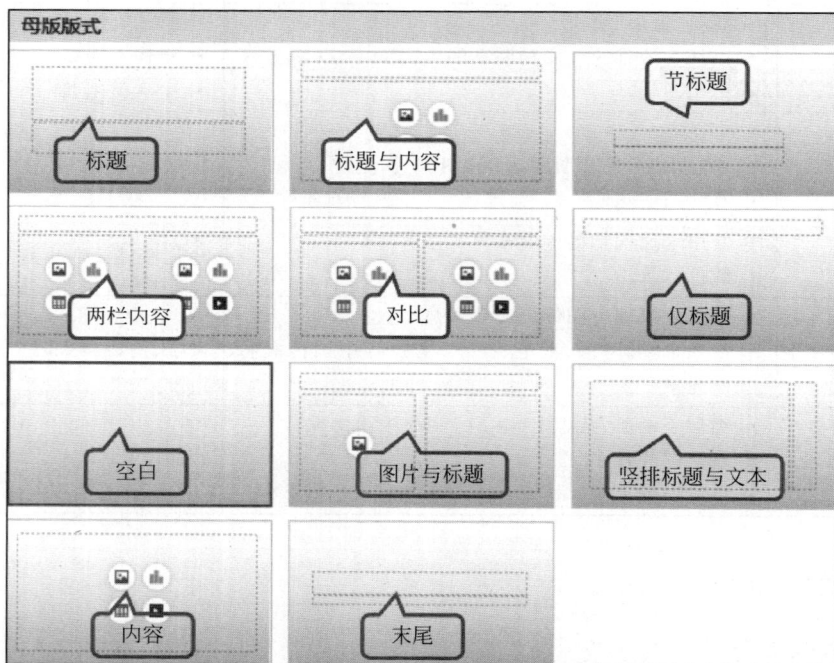

图 3-50　WPS 演示内置的 11 种版式

(三) 模板

1. 什么是模板

在任务 3-4 中,我们使用模板制作了读书分享演示文稿,在模板的辅助下,实现了整体页面的统一,提升了制作效率和美观度。

　　模板是具有一定预设格式的演示文稿,是提前为用户将多张幻灯片的版式、配色方案、字体效果等设计元素,进行整体的标准化、统一化格式,使演示文稿中的幻灯片格式均具有固定的布局结构。

　　按照模板给人带来的视觉感受,可将模板划分为简约风、卡通风、清新风、中国风、党政风、商务风、科技风等不同的风格。模板在命名时通常包含"视觉风格＋颜色＋应用场景",如简约蓝色毕业答辩、黄色卡通个人写真等,例如任务 3-4 中我们使用了"简约中国风创意模板"。

　　2．模板的结构

　　通常情况下,一套模板是由封面页、目录页、章节页及许多内容页等组成的。模板的结构如图 3-51 所示。

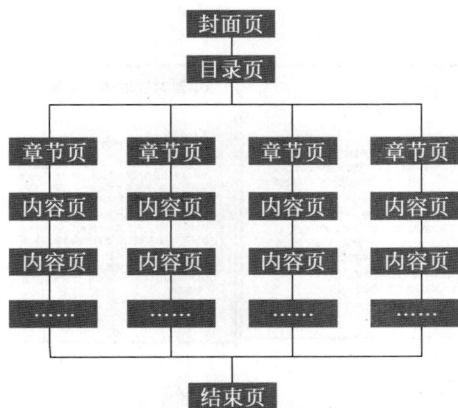

图 3-51　模板的组成结构

　　封面页是演示文稿的第一页,是演示文稿给受众者的第一印象。目录页根据目录项目数量进行划分,一个模板中通常会提供不同项目数的目录,如任务 3-4 中的模板提供了 2-6 项子目录的版式。章节页也可称为转场页,起承上启下的作用,为下一场景的进入起转场和过度的作用。

　　3．内容页的版式类型

　　模板中的封面页、目录页、章节页和结束页中文字较少,版式类似,区别在于图片和形状等修饰元素,无须进行详细介绍。需要注意的是,目录页有两种版式:只有一级目录版式和一级、二级目录版式,如图 3-52 所示。根据内容需要选择合适的目录版式,可以省去很多制作的麻烦。

　　内容页往往是 WPS 演示文稿中需要向观众重点展示的部分,根据要展示的内容和获取到的素材,此类页面可划分为纯文本版式、图文混合版式、关系图版式和图表版式。

　　(1)纯文本版式。

　　幻灯片内容以纯文本为主,根据文本栏数和是否包含小标题区分幻灯片版式,常见的版式有"标题＋双栏文本""标题＋单栏文本",如图 3-53、图 3-54 所示。

　　(2)图文混合版式。

　　演示文稿大多以图文并茂的形式展示内容,因此图文混合版式的数量较多。图文混合版式的区别在于图片数量和形状、图片和文字的位置关系等。常见版式有"单图＋文本"

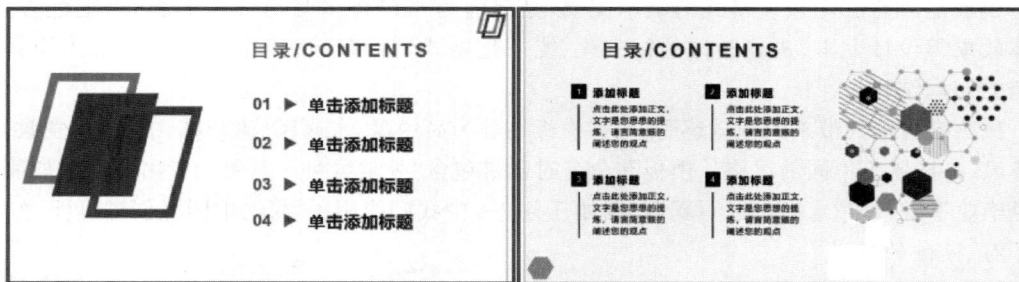

(a) 只有一级目录　　　　　　　　　　　　　　(b) 一级和二级目录

图 3-52　两种目录版式

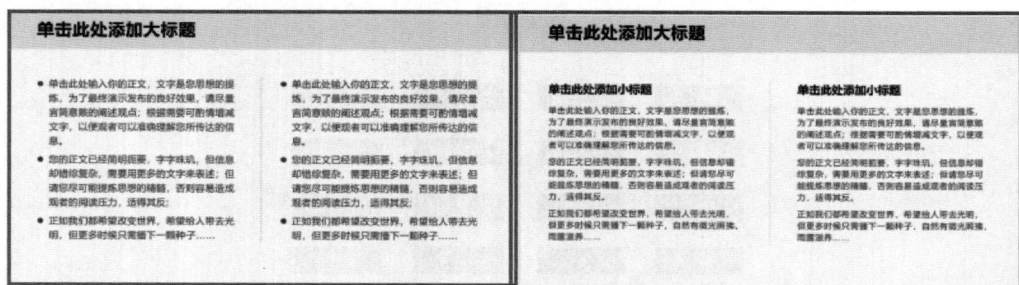

(a) 有项目符号　　　　　　　　　　　　　　(b) 无项目符号

图 3-53　"标题＋双栏文本"版式

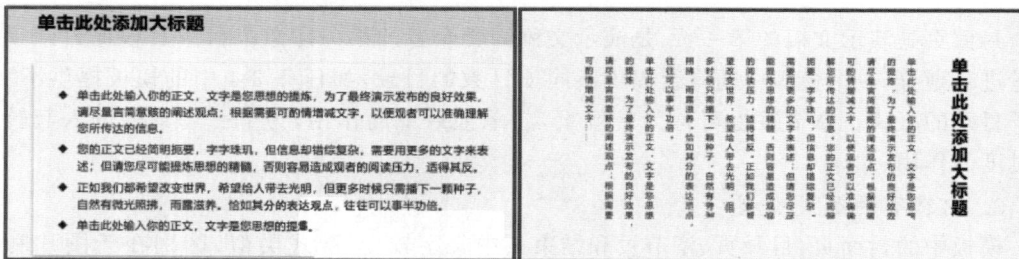

(a) 横版：上下结构　　　　　　　　　　　　(b) 竖版：左右结构

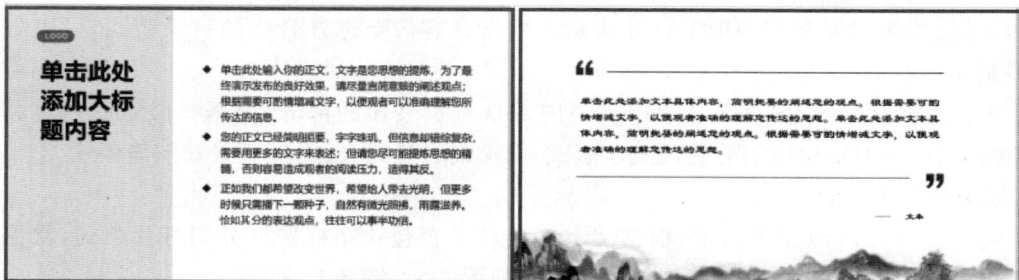

(c) 横版：左右结构　　　　　　　　　　　　(d) 无标题

图 3-54　"标题＋单栏文本"版式

"双图＋文本""多图＋文本"等，如图 3-55、图 3-56 所示。

(a) 单图+3文本

(b) 单图+1文本

(c) 单图+1文本

(d) 单图+2文本

图 3-55　多种"单图＋文本"版式

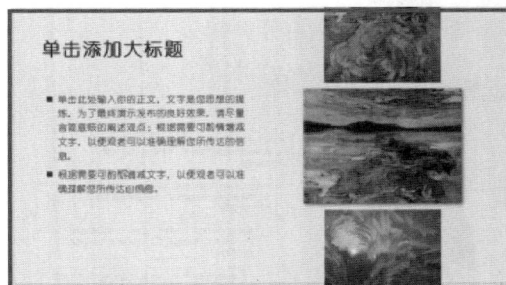

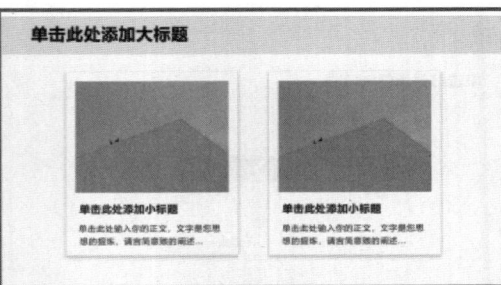

(a) 3图+1文本

(b) 2图+2文本

(c) 3图+3文本

(d) 4图+1文本

图 3-56　"多图＋文本"版式

（3）关系图版式。

前面已经学习过，文字间的逻辑关系有并列、顺序、循环、层次等，针对这些逻辑关系，模板中提供了相应的关系图版式,如并列关系图(图 3-57)、顺序关系图(图 3-58)、循环关系图(图 3-59)等。

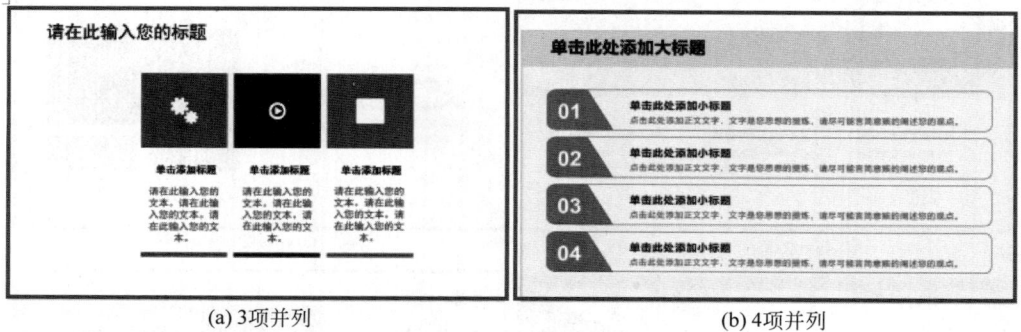

(a) 3项并列   (b) 4项并列

图 3-57　并列关系图版式

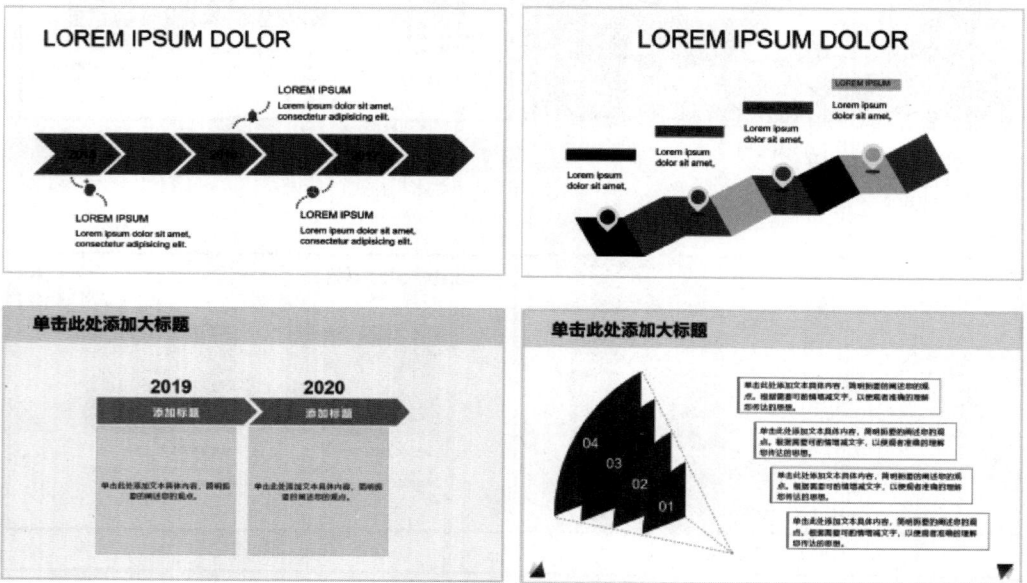

图 3-58　顺序关系图版式

（4）图表版式。

图表版式对基础图表进行了修饰,包括面积图、条形图、柱状图等,有的版式中还包括文本说明,如图 3-60 是四种不同的图表版式。

（四）母版

1. 什么是母版

在演示文稿制作过程中,我们经常会使用母版进行格式的统一设置。幻灯片母版存储幻灯片内容信息和格式信息,如对象位置、大小、颜色、样式、背景、动画、切换效果等,母版上的对象将出现在幻灯片相同位置上,使用母版可以方便地统一幻灯片的风格。通俗来讲,母版就是用户根据自己的需求而设计的、具有个性化特色的幻灯片模板。

图 3-59　循环关系图版式

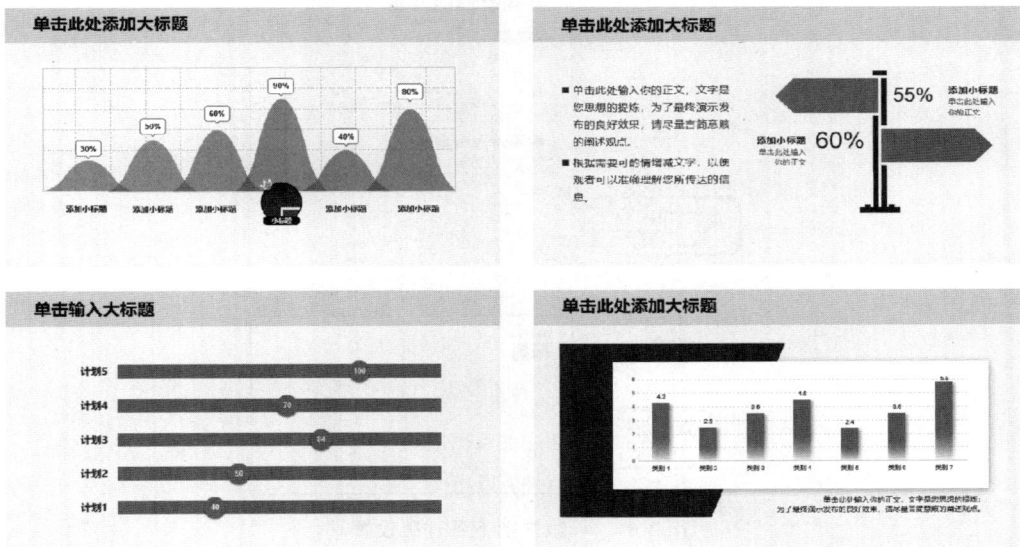

图 3-60　图表版式

在任务 3-4 中,我们通过编辑母版,一次性修改了"我的大学生活"中所有幻灯片的修饰形状。母版中的对象出现在每张幻灯片的相同位置,因此对母版的一次操作相当于对所有幻灯片的操作,这也是母版最主要的作用。母版中包含的对象通常有背景图或背景色、公司 LOGO、公司名称、幻灯片编号、日期、修饰形状、切换效果等。

2. 通用母版与版式母版

通过前面的学习我们知道,WPS 演示提供了 11 种内置版式,每种版式适用于不同的内容需求。具体来说,WPS演示中的母版分为通用母版和版式母版。通用母版的作用范围是演示文稿中所有版式的幻灯片,版式母版只对特定版式的幻灯片起作用,除了包含通用母版中的各个对象,版式母版可根据版式的需要,进行字体、字号、对象位置等设定。

下面以图3-61和图3-62为例,说明通用母版和版式母版的作用范围。图3-61是母版视图下的通用母版、标题和内容版式母版、节标题版式母版,其中通用母版白色背景、左上角有LOGO标记,标题和内容版式母版是浅绿色背景,节标题版式母版是浅蓝色背景。当我们在普通视图下新建幻灯片时,新建的标题和内容版式幻灯片均为浅绿色背景,新建的节标题版式幻灯片均为浅蓝色背景,新建的其他版式幻灯片均为白色背景,但是,不论哪种版式的幻灯片,右上角都有LOGO标记,如图3-62所示。

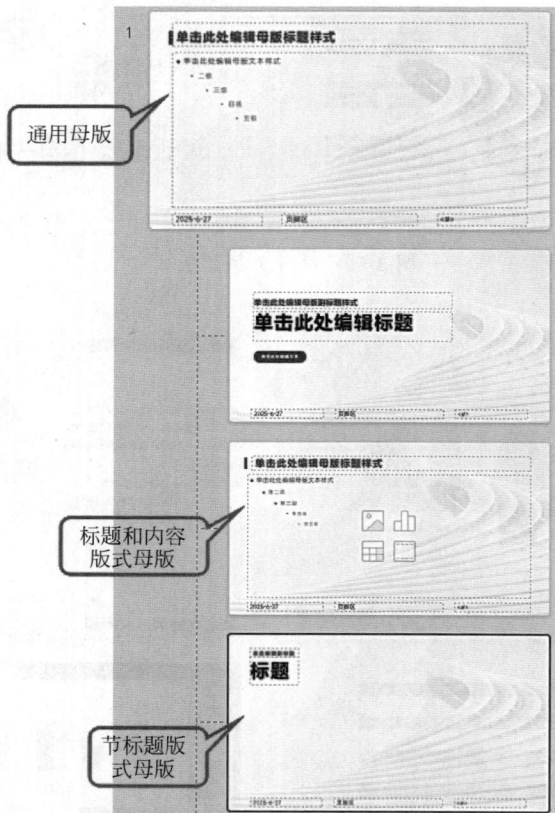

图 3-61　母版视图下各母版设置

3. 母版的编辑

在任务3-4中我们已经体验过,对母版的编辑是在幻灯片母版视图进行的。单击"视图"→"幻灯片母版",即可进入母版视图,母版视图包括菜单栏、母版浏览窗格和母版编辑窗口,如图3-63所示。

进入幻灯片母版视图后,在WPS演示窗口新增了"幻灯片母版"选项卡,在选项卡下包含的"插入母版"(指通用母版)、"插入版式"(指版式母版)等命令,单击"关闭"菜单,退出幻灯片母版视图。

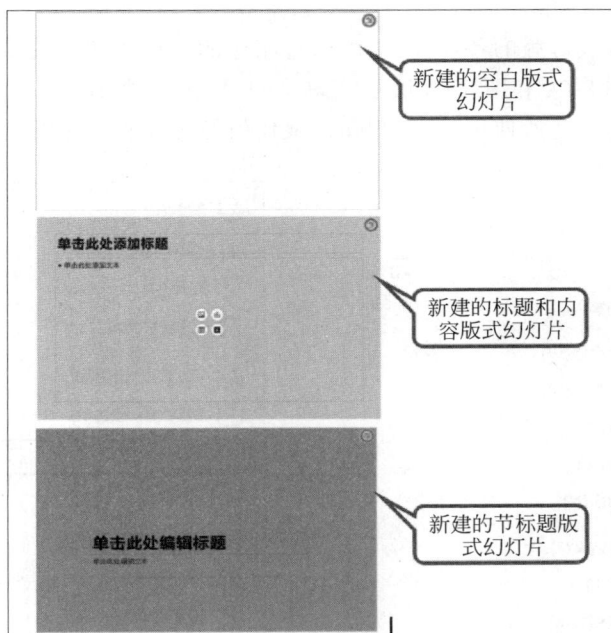

图 3-62　普通视图下新建的幻灯片

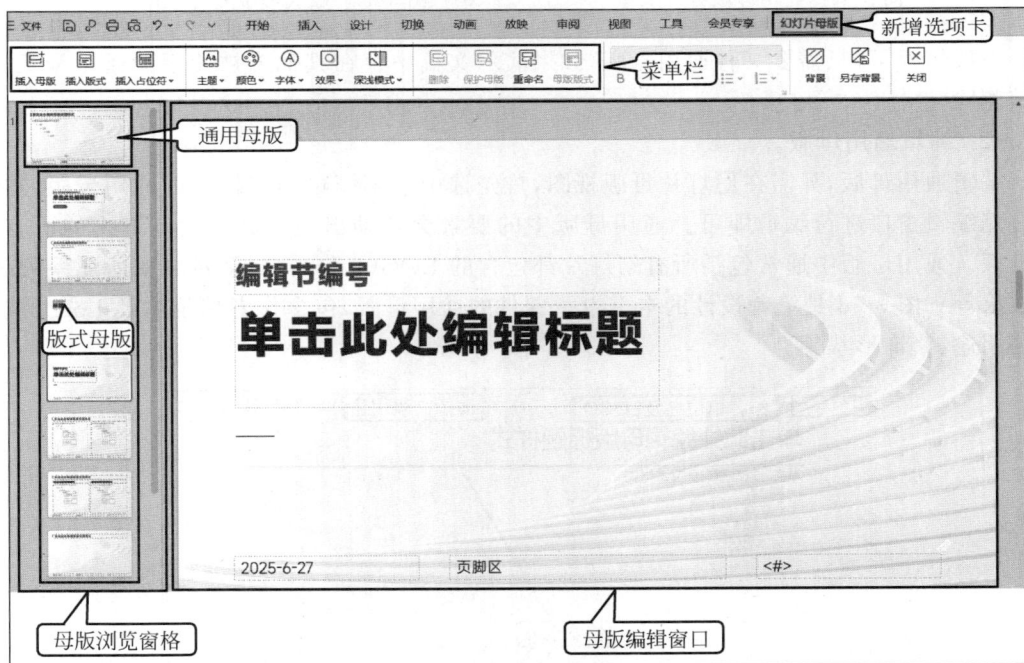

图 3-63　幻灯片母版视图

母版浏览窗格中,最顶端是编号为 1 的通用母版,通用母版及其所包含的版式母版之间有虚线连接。

83

（1）母版的新建与删除。

对通用母版和版式母版的各项操作，可通过相应的右键菜单来完成。通用母版和版式母版的右键菜单如图 3-64 和图 3-65 所示。图 3-65 中"删除版式"命令为灰色不可用，是因为当前版式已经被幻灯片所使用，只能删除未被任何幻灯片使用的版式母版。

复制(C)		Ctrl+C
剪切(T)		Ctrl+X
粘贴(P)		
选择性粘贴(S)...		
新幻灯片母版(W)		Ctrl+M
新幻灯片版式(R)		
删除母版(D)		
保护母版(M)		
重命名母版(N)		
更换设计方案(E)...		
母版版式(L)...		
设置背景格式(K)...		
幻灯片切换(F)...		

图 3-64　通用母版右键菜单

复制(C)		Ctrl+C
剪切(T)		Ctrl+X
粘贴(P)		
选择性粘贴(S)...		
新幻灯片母版(W)		Ctrl+M
新幻灯片版式(R)		
删除版式(D)		
重命名版式(N)		
更换设计方案(E)...		
母版版式(L)...		
设置背景格式(K)...		
幻灯片切换(F)...		

图 3-65　版式母版右键菜单

一般情况下，只需要一种通用母版，如果演示文稿中存在其他未被使用的通用母版，可将其删除。

（2）编辑通用母版。

编辑通用母版，只需在幻灯片母版视图，首先选中左侧缩略图窗格中的通用母版，然后在右侧编辑窗口进行编辑即可。通用母版中的要素会自动出现在其所辖范围内的所有版式母版。通用母版中通常包括所有幻灯片都包含的 LOGO、公司名、演示文稿所属系列、切换效果等。图 3-66 是笔者设计的本书电子课件的通用母版，包含作者单位名及 Logo、演示文稿用途、修饰形状等。

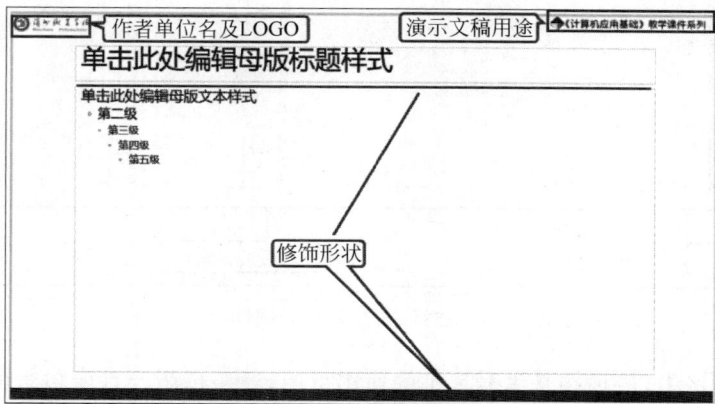

图 3-66　教学课件通用母版

（3）编辑版式母版。

除了对 WPS 演示内置的 11 种版式进行背景、字体、字号等进行编辑、设计外，还可以根据实际需要选择"新建版式"→"重命名版式"→"设计版式母版"，图 3-67 为 WPS 演示提供的免费模板"极简大气通用模板蓝色"中包含的相框版式母版。

图 3-67　自定义的相框版式母版

编辑版式母版时需要注意，默认情况下通用母版中的要素会出现在所有版式母版的相同位置，如果某个版式不想呈现通用母版的内容，可以在属性窗格中勾选"隐藏背景图形"来实现不继承母版元素，如图 3-68 所示。

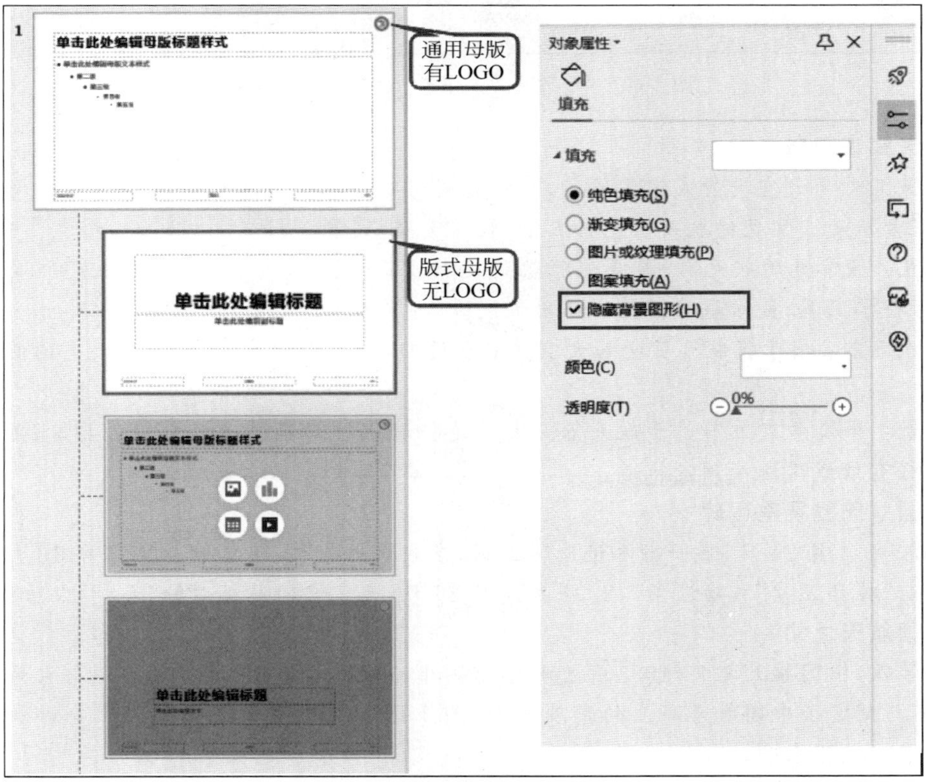

图 3-68　版式母版中去除通用母版要素

二、使用 AI 生成演示文稿

在任务 3-4 中我们体验了 WPS 中 AI 生成演示文稿,除此之外,WPS 还提供了根据已有的文档生成演示文稿。

单击图 3-45 所示对话框中的"上传文档",系统按照文档中的内容自动生成演示文稿。例如,将下面的这段文字上传,应用"青色几何形状商务风主题",自动生成的演示文稿如图 3-69 所示。

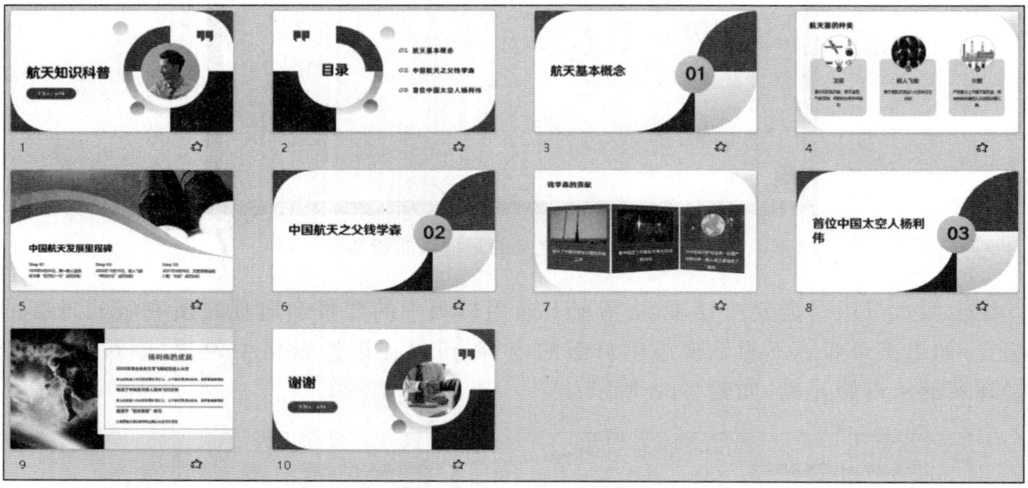

图 3-69 "致敬航天工作者"AI 演示文稿效果

航天知识科普

航天又称为太空飞行或宇宙航行,指人类利用航天器在地球大气层以外的空间进行的飞行、探索活动。常见的航天器包括卫星、载人飞船、火箭。

卫星:最常见的航天器,围绕地球轨道运行,用于通信、气象预报、导航定位等多种目的,分为科学卫星、技术试验卫星和应用卫星。

载人飞船:用于将航天员送入太空并安全返回,如中国的神舟系列飞船、美国的阿波罗飞船等。

火箭:严格意义上不属于航天器。火箭是将其他航天器送入太空的必要工具,通过多级加速将有效载荷送入预定轨道。

中国航天发展里程碑

1970 年 4 月 24 日,第一颗人造地球卫星"东方红一号"成功发射。2003 年 10 月 15 日,载人飞船"神舟五号"成功发射。2021 年 4 月 29 日,天宫空间站核心舱"天和"成功发射。

中国航天之父

钱学森,中国航天之父,1955 年克服重重困难回到祖国,领导了中国导弹与火箭的研制工作,参与制定了中国航天事业的发展规划,为中国成功研制出第一枚国产导弹和第一颗人造卫星奠定了基础。

首位进入太空的中国人

杨利伟,中国首位进入太空的航天员,2003 年乘坐神舟五号飞船成功进入太空,完成了中国首次载人航天飞行任务。以其勇敢无畏的精神和出色的太空任务表现,被授予"航天英雄"称号。

三、AI 生成演示文稿的特点

通过任务 3-4,可以发现,AI 生成的演示文稿具有如下特点。

(1)结构完整。文稿结构完整包括封面页、目录页、章节页、内容页和结束页,在通过 AI 根据文档制作演示文稿时,最好能提供完整的文档,带有一级标题、二级标题和正文,这样制作的演示文稿与文档内容更加契合。

(2)版式丰富。AI 可以根据内容的内在逻辑选择合适的版式,而不是简单的文字列表,从而达到了良好的视觉效果。

(3)图片准确度有所欠缺。观察图 3-69 中第 9 张幻灯片,展示的内容是宇航员杨利伟的贡献,AI 采用的图片是通用宇航员的形象,不能很好地匹配文字内容。作者尝试在 Word 文档的相应位置提供图片,但是 AI 生成的演示文稿未采用文档中的图片。因此,对 AI 生成的演示文稿还需要进一步的核查和完善。

学以致用

影视编导专业毕业的韩同学,任职于某影院,主要负责营销活动。临近春节,影院上映 5 部精彩电影,韩同学制作了 5 部电影的简单介绍,在影院外的大屏幕循环播放。请协助韩同学制作此演示文稿(制作时可任选 5 部电影)。并记录:

(1)你使用的制作工具是什么?

_____

(2)AI 制作的演示文稿有何不足之处?

_____

(3)你的演示文稿进行了哪些修改?

_____

任务 3-5　完善"创业大赛项目说明"初稿

任务描述

在老师的指导下,以家庭自有的小型家具厂为依托,王萌萌组建团队参加"互联网+"大学生创新创业大赛。根据老师的指导意见,王萌萌需要对项目说明文稿"海乐之友-创业项目说明"进行完善。具体如下。

(1)第 4 张幻灯片中使用动画强调团队成员的任职情况。

(2)第 14 张幻灯片添加"市场分析报告"文档的超链接。

(3)第 16 张幻灯片添加时间轴动画。

(4)将文稿发布为 MP4 视频格式(带解说)。

任务实现

1. 第 4 张幻灯片中使用动画强调团队成员的任职情况

(1) 找到第 4 张幻灯片,在"总经理"前的圆形上绘制稍大一点的椭圆,红色填充、阴影效果,如图 3-70 所示。

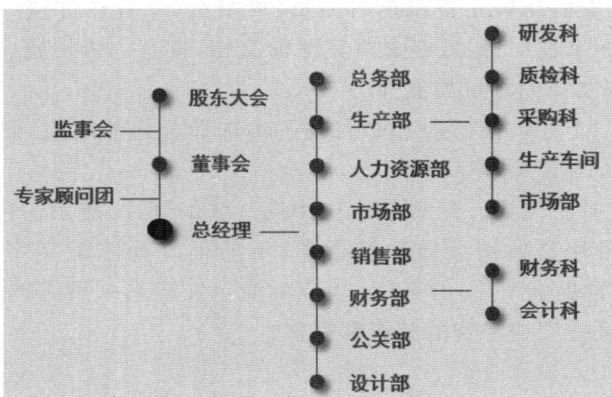

图 3-70　绘制椭圆

(2) 选中"总经理"前面的红色椭圆,然后单击"动画"→"动画窗格",在窗口右侧打开动画窗格,单击"添加效果",选择"进入"分组中的"出现"效果,如图 3-71 所示。

图 3-71　添加"进入—出现"动画效果

(3) 再次单击动画窗格的"添加效果",首先单击"强调"分组的向下箭头,然后单击"温和型"分组的"闪动"效果,如图 3-72 和图 3-73 所示。

2. 第 14 张幻灯片添加"市场分析报告"文档的超链接

找到第 14 张幻灯片,选中"目标市场"这几个文字,右击选中的文字,在快捷菜单中单击"超链接",选择链接文档插入,如图 3-74 和图 3-75 所示。

3. 第 16 张幻灯片添加时间轴动画

(1) 找到第 16 张幻灯片,单击"开始"→"选择"→"选择窗格",在"选择窗格"中双击"组合 15",将其改名为"前期";同样的方法将"组合 17""组合 18""组合 21"改名为"中期""中后

图 3-72　添加"强调—闪动"效果

图 3-73　设置动画效果

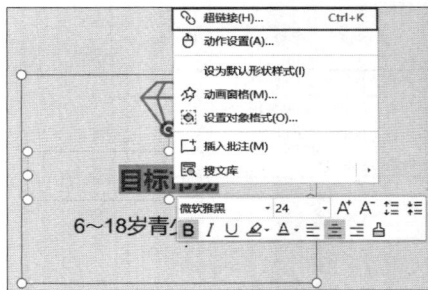

图 3-74　插入超链接

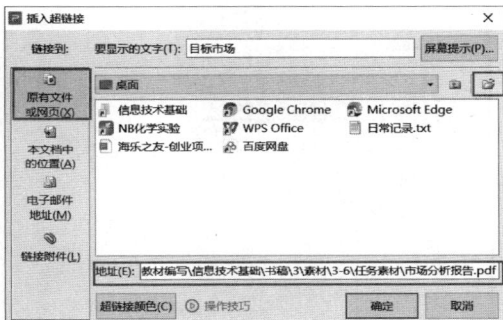

图 3-75　选择链接文档

期""远期",按住 Ctrl 键同时选中"前期""中期""中后期""远期",如图 3-76 所示。

（2）单击"动画"→"动画窗格"→"添加效果",为 4 个发展规划添加"进入—温和型—缩放"的动画效果。

（3）在"动画窗格"中设置"前期"的动画效果,如图 3-77 所示;同时设置"中期""中后期""远期"的动画效果,如图 3-78～图 3-81 所示。

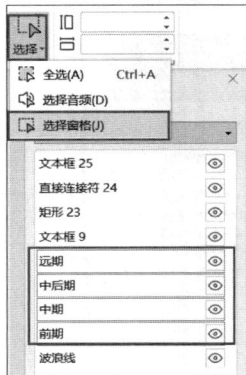

图 3-76　重命名并选中组合

图 3-77　设置"前期"动画效果

89

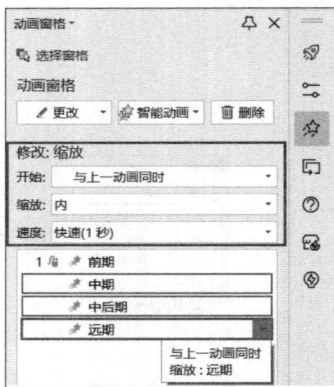

图 3-78　设置"中期""中后期""远期"动画效果

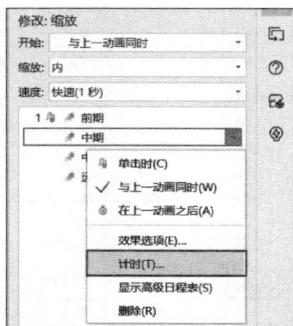

图 3-79　右键快捷菜单

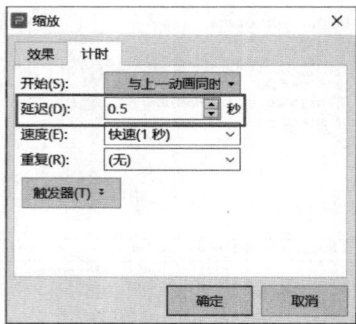

图 3-80　设置延时 0.5 秒

图 3-81　设置波浪线动画效果

4. 将文稿发布为 MP4 视频格式(带解说)

(1) WPS 演示发布的视频格式为 webm,为了获得 MP4 格式的视频,我们使用 MS Office 套件中 PowerPoint 发布演示文稿。计算机上连接麦克风,以便进行幻灯片解说。

(2) 使用 PowerPoint 2016 打开"海乐之友—创业项目说明"演示文稿,单击"幻灯片放映"→"录制"→"从当前幻灯片开始"→"开始录制",如图 3-82 所示。

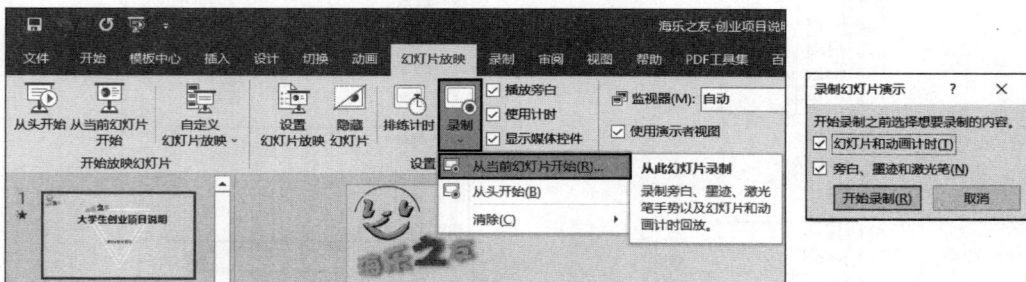

图 3-82　为幻灯片录制解说

(3) 根据幻灯片内容,逐一为每张幻灯片录制解说,录制过程中可通过左上角"录制控制"按钮暂停或者重新录制,也可以通过左下角"放映控制"按钮控制播放进程,例如解说时使用铅笔标准重点内容等,如图 3-83 所示;录制完成后,在幻灯片右下角出现小喇叭图标,可以播放或者剪辑音频,如图 3-84 所示。

图 3-83　录制过程控制

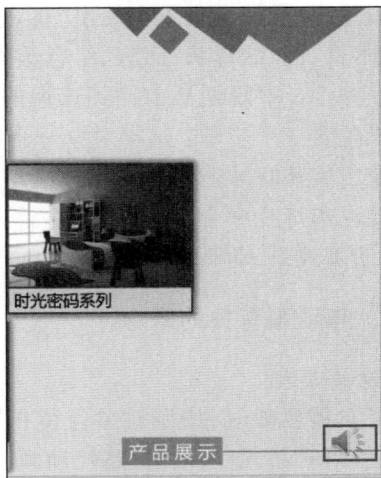

图 3-84　录制完成后的音频图标

(4)每张幻灯片录制完成后,单击"文件"→"导出"→"创建视频",选择"使用录制的计时和旁白",然后单击"创建视频",如图 3-85 所示,将录制的演示文稿放映过程整合成视MP4 频。

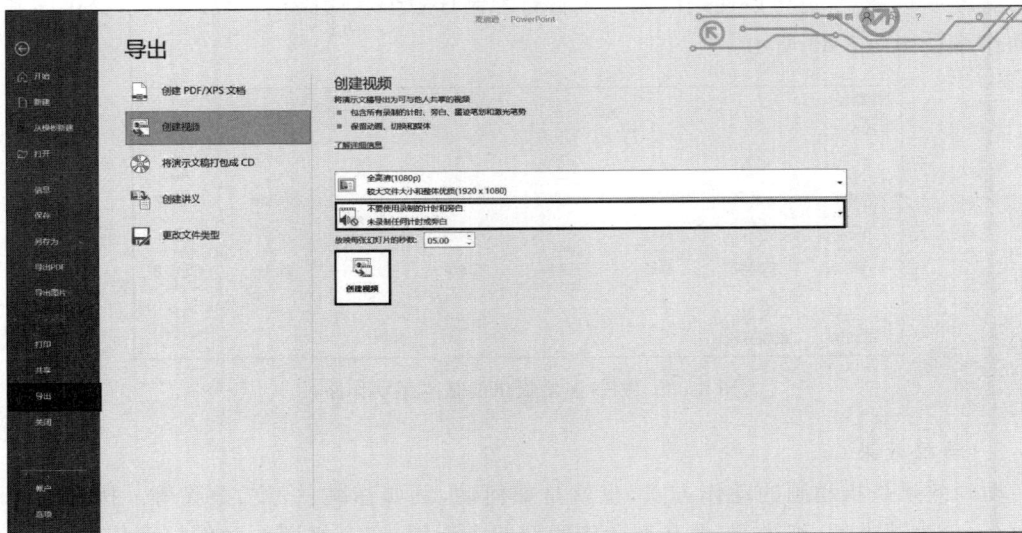

图 3-85　导出演示文稿放映视频

知识点

为演示文稿增加动态效果

一、对象的动画效果

幻灯片中的动画效果更容易吸引观众的眼球,也更容易被关注,在演示文稿中添加适当的动画效果,能够实现重点突出、直观形象的目的。WPS演示幻灯片中所有可编辑的对象,如文本框、图片、形状、图表、组合等均可添加动画效果。

在任务3-5中规划从前期到远期的依次呈现。在操作中我们已经体会到,为对象添加动画效果包含三个步骤:选中对象→选择动画类型→设置动画属性。需要说明的是,只有在放映演示文稿时才能观看到对象的动画效果。

想要在幻灯片中合理使用动画,首先需要理解WPS演示中与动画有关的概念,比如动画类型、动画效果、动画计时等。

(一)与动画有关的概念

1. 动画类型

演示文稿放映时,按照对象停留在屏幕上的不同时间节点划分为四种动画类型,即进入动画、强调动画、退出动画、路径动画。常用的动画类型包括进入动画和强调动画。

(1)进入动画:对象首次出现在屏幕时发生的动画,动画结束后,对象停留在屏幕。

(2)强调动画:对象已经停留在屏幕时发生的动画,动画结束后,对象仍然停留在屏幕,但是可以改变对象的大小或颜色,起到强调、突出的作用。

(3)退出动画:对象离开屏幕时发生的动画。

(4)路径动画:对象沿着事先规定的路径运动,路径可以采用系统内置的圆形、心形、五角星等形状路径,也可以使用线条工具自行绘制任意形状的路径。WPS演示提供的基本型动作路径如图3-86所示。

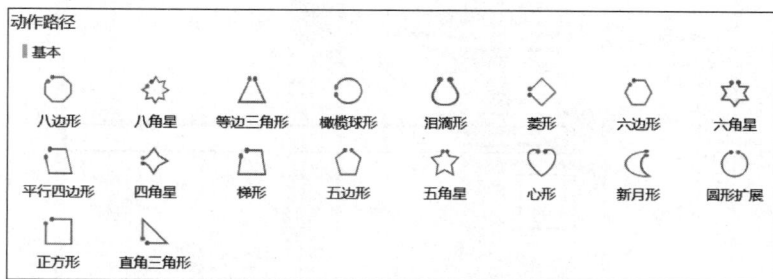

图3-86　WPS演示提供的基本型动作路径

2. 动画效果

动画效果是指动画的动作方式,也就是如何动,例如弹跳、缩放、擦除等。按照动作幅度大小,分为基本型、细微型、温和型和华丽型四个级别,四个级别的动作幅度依次增大,常用基本型和细微型两个级别。不同的动画类型和级别包含多种不同的效果,图3-87和

图 3-88 展示了进入动画和强调动画基本型所包含的动画效果。

图 3-87　进入动画基本型动画效果

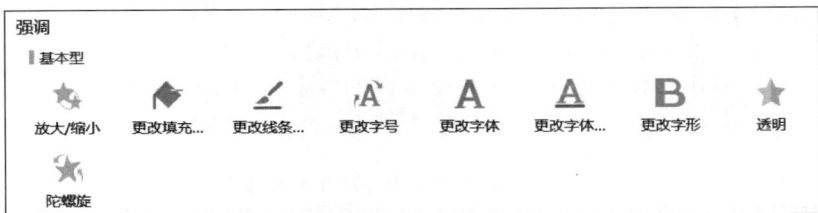

图 3-88　强调动画基本型动画效果

3．动画属性

动画属性用来设置动画效果的方向或者比例。例如,进入动画基本型的"飞入"效果,有底部、顶部、左侧、右侧、左下等 8 个方向,进入动画基本型"劈裂"效果,有 4 个方向,强调动画细微型"陀螺旋"效果,按照旋转幅度和旋转方向,有 8 个属性等,如图 3-89 所示。

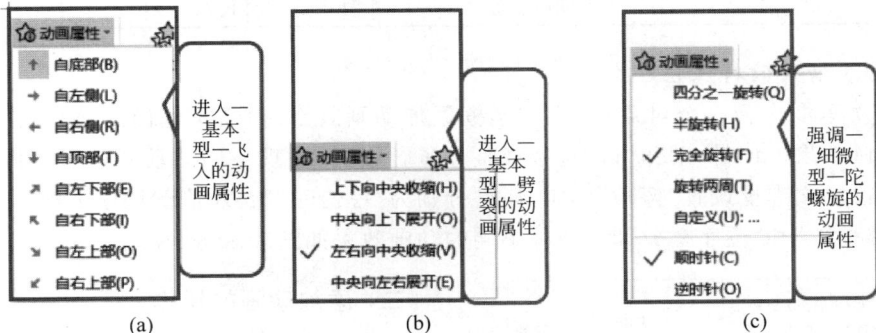

图 3-89　三种不同动画效果的属性

4．附加效果

播放动画时的附加效果,包括有无声音、动画播放完毕后有无颜色等。

5．动画计时

动画计时包括 3 个与时间有关的动画播放设置,动画开始方式、动画播放速度、动画延迟时间、动画循环播放次数等。动画开始方式是指在什么情况下开始播放动画,包括三种方式:单击时、与上一动画同时和上一动画之后。

（1）单击时:在演示文稿放映过程中,单击鼠标开始播放动画,用于手动控制动画播放。

（2）与上一动画同时：和上一个对象的动画同时开始播放，用于多个对象同时开始动画。例如任务 3-5 第 4 张幻灯片中，第一个椭圆的动画开始方式为"单击"，后三个椭圆的动画开始方式为"与上一动画同时"，这样放映时单击鼠标，四个椭圆同时闪烁。

（3）上一动画之后：在上一个对象动画播放完成后自动开始播放此动画，用于多个对象依次动画。按照添加动画的次序，动画窗格依次显示了当前所有的动画，如图 3-81 所示。演示文稿放映时，自上而下依次播放动画窗格中的动画。

动画播放速度是指动画播放的时长，以秒为单位；动画延迟时间是指当动画开始方式满足后，延迟一段时间再开始播放动画，比如动画的开始方式为"单击"，延迟时间"1 秒"，那么单击后并不立即开始播放动画，而是等待 1 秒后再播放动画。

当有多个动画时，动画开始方式、播放速度、延迟时间协调设置，能够实现连续动画自动播放的效果。任务 3-5 中第 16 张幻灯片的时间轴动画，也即"前期→第 1 段波浪线→中期→第 2 段波浪线→中后期→第 3 段波浪线→远期→第 4 段波浪线"依次显示。各动画的时间设置如表 3-2 所示。

表 3-2　时间轴动画中各对象时间设置

对象	前期	中期	中后期	远期	波浪线
开始方式	单击	与上一动画同时	与上一动画同时	与上一动画同时	与上一动画同时
速度	1 秒	1 秒	1 秒	1 秒	5 秒
延迟时间	0	2 秒	3 秒	4.5 秒	1 秒
延迟说明		1 秒前期时长＋近似 1/4 波浪线时长	1 秒前期时长＋1 秒中期时长＋（近似 2/4 波浪线时长－1 秒中期时长）	1 秒前期时长＋1 秒中期时长＋1 秒中后期时长＋（近似 3/4 波浪线时长－1 秒中后期时长）	前期时长

6. 文本动画的特殊性

一个文本框作为一个对象，当为文本框添加动画效果时，文本框内的所有文字都具有同一种动画效果。但是，动作可以逐字或整体进行，从而呈现不同的动画效果。例如，包含两个自然段的文本框设置"擦除"动画，属性分别为"单击时""自左侧""快速 1 秒"，当文本属性为"整体播放"和"逐字播放"时，两种不同的动画效果如图 3-90 所示。

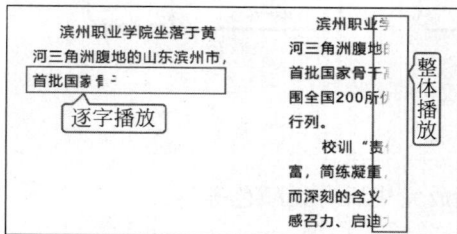

图 3-90　不同文本属性的动画效果

（二）添加动画的操作

前面学习了动画类型、动画效果、计时等与动画有关的概念，下面举例说明 WPS 演示中常用动画效果及操作步骤。

1. 伴随显示动画

素材中的"校训"幻灯片，放映时，"校训石"图片不显示，当演讲者演说到校训相关内容时，单击鼠标，则显示校训石图片。扫码观看动画效果。

（1）为图片添加动画：首先选中图片，然后单击"动画"→"更多动画按钮"→"进入—基本型—飞入",如图 3-91 所示。

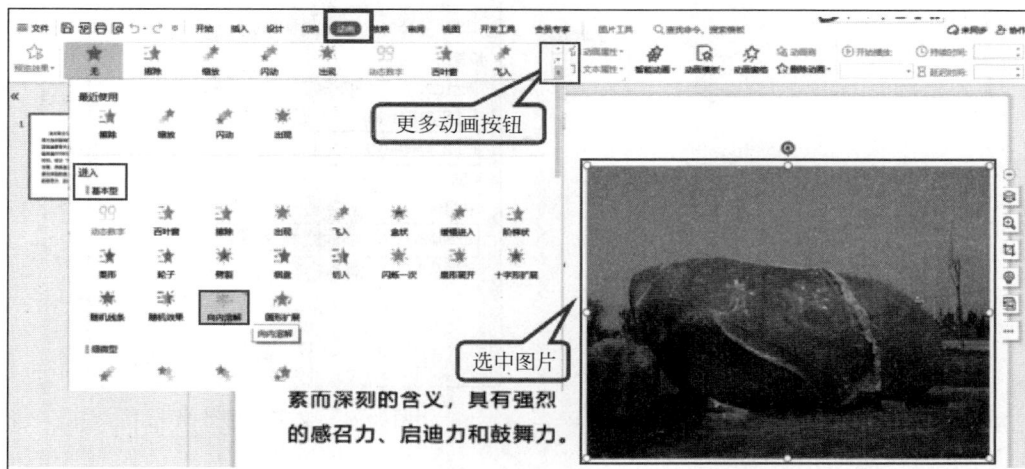

图 3-91　"校训石"图片添加进入动画效果

（2）设置动画属性与计时：将动画属性设置为"自右侧"，开始方式为"单击时"，持续时间为"1 秒"，如图 3-92 所示。

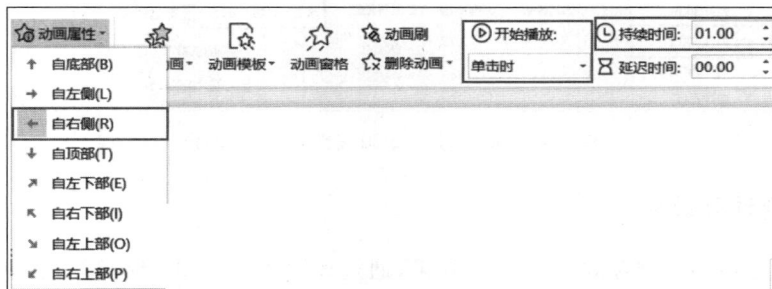

图 3-92　动画属性及时间设置

2. 伴随强调动画

素材中"专业介绍"幻灯片，放映时，当演讲者演说到"计算机网络技术专业"相关内容时，该专业放大显示后改变文字颜色，扫码观看动画效果。

（1）我们发现"专业介绍"幻灯片中的文字包含在 3 个文本框中，如图 3-93 所示，这是因为文本框是一个对象，文本框中的所有文字具有相同的动画效果，当我们想为其中部分文字设置动画效果时，需要将这些文字放置在一个单独的文本框中，这也就是"计算机网络技术专业"几个字在一个文本框中的原因。

（2）选中"计算机网络技术专业"所在的文本框，添加"强调—细微型—放大/缩小"，在动画窗格双击该动画，在弹出的对话框中单击"效果"选项卡，选中"自动翻转"并改变动画播放后的文字颜色，如图 3-94 所示。

3. 逐渐显示动画

素材中"曲线绘制"幻灯片，放映时，曲线不是一下子出现在屏幕上，而是随着曲线走势动态绘制曲线，扫码观看动画效果。

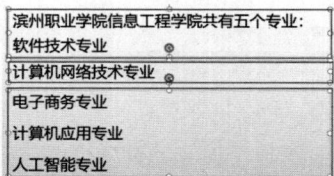

图 3-93　文字包含在 3 个文本框中

图 3-94　文字强调效果

（1）选中曲线，添加"进入—基本型—擦除"动画。

（2）设置动画属性和时长，如图 3-95 所示。

图 3-95　曲线绘制动画属性和时间设置

（三）组合动画效果

组合动画是指多个对象设置了动画效果，通过设置开始方式、延时等，将多个动画连接成一个连续的动画，比如任务 3-5 中的时间轴动画，就是典型的组合动画。可以看出，组合动画最关键之处在于设置好多个动画之间的连接方式，上一动画同时还是上一动画之后，以及动画的延迟时间。下面以两个常用组合动画的实例，帮助读者理解组合动画制作要点。

1．从中心到四周的放射型动画

素材中"内设机构"幻灯片，放映时首先显示中心的总体说明"内设机构"，单击，四个部门同时从中心飞出，扫码观看动画效果。

（1）为"办公室"形状文本组合添加"进入—温和型—缩放"动画，设置动画属性为"从屏幕中心扩大"，持续时间为"2 秒"，开始方式为默认的"单击时"。

（2）选中刚刚添加了动画的"办公室"组合，双击"动画"→"动画刷"，鼠标指针变成刷子形状，在"人力资源部""市场部""财务部"组合上单击，使 4 个组合具有相同的动画效果。

（3）打开"动画窗格"，在动画窗格中同时选中动画"人力资源部""市场部""财务部"，将开始方式设置为"与上一动画同时"。

2. 星星闪烁动画

动画刷是一款非常好用的动画格式工具,类似于 Word 中的格式刷,可快速实现多个对象使用同一种动画效果,提高操作效率。下面以闪烁星空幻灯片的制作为例,学习动画刷的使用。素材中"闪烁星空"幻灯片,放映时有的星星一直明亮,有的忽明忽暗,扫码观看闪烁星空的播放效果。

(1)设置 15 个星星忽明忽暗的动画效果:幻灯片中共有 20 个星星,单击其中一个星星,添加"进入—细微型—忽明忽暗"动画,在"动画窗格"中双击该动画,在弹出的对话框中单击"计时"选项卡,设置动画开始方式、速度、重复,如图 3-96 所示。

(2)选中刚刚设置了动画效果的星星,双击"动画"→"动画刷",鼠标指针变成刷子形状,任意选择 14 颗星星,使用动画刷在星星图片上单击,使该星星具有相同的动画效果。

(3)在"动画窗格"中同时选中任意 4 个动画,右击→"计时",将延时设置为"0.5 秒"。

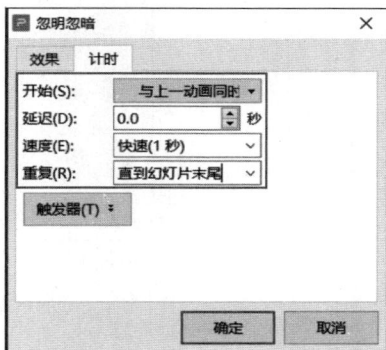

图 3-96　设置星星忽明忽暗的动画效果

二、切换效果

演示文稿播放过程中,由一张幻灯片过渡到下一张幻灯片就是幻灯片的切换,切换效果即指幻灯片切换时的动态效果,从而实现幻灯片切换的动感。WPS 演示提供了"淡出""推出""形状"等 20 种不同的切换效果,可根据个人意愿选用。选定一种切换效果后,还可以设置切换速度、是否有声音等。

(一)换片方式

幻灯片默认的换片方式是"单击鼠标时换片",还有一种"自动换片"。"单击鼠标时换片"是在演示文稿播放过程中,单击鼠标左键跳转到下一张幻灯片;"自动换片"是当前幻灯片的持续时间到达指定的间隔时间后,自动跳转到下一张幻灯片,"自动换片"适合演示文稿自动播放的情形。

如果同时设置了"单击鼠标时换片"和"自动换片","单击鼠标时换片"的换片方式优先于设置"自动换片"的换片方式。在没有达到预设的自动换片的时间间隔情况下,单击将直接跳转到下一张幻灯片进行播放。

(二)效果选项

效果选项是对切换效果的方向、频率等进行进一步设置。例如,"推出"切换的效果选项,可以设置推出的方向,向上、向左、向右、向下;"形状"切换的效果选项可以设置形状,如图 3-97 所示。

(三)平滑切换

平滑切换是 2019 年新增的一种切换效果,其实现机制与其他切换效果有很大不同,通

97

(a) 推出切换　　　(b) 轮辐切换　　　(c) 形状切换

图 3-97　三种不同切换的效果选项

过平滑切换,能够实现很多炫酷的动态效果。下面详细讲解平滑切换。

1. 平滑切换原理

平滑切换是对连续两张幻灯片中的同一对象,以补间动画形式,实现对象形态变化的过程,也就是同一对象在第一张幻灯片中的形态变化到第二张幻灯片中形态的过程,例如图 3-98 所示的两种形态。平滑切换能展示形状、颜色等形态变化的过程。需要特别注意的是,平滑切换是连续两张幻灯片中同一对象的变化过程,而"形状""推出"等切换效果,是把幻灯片作为一个整体,幻灯片上所有的对象同时采用这一效果。

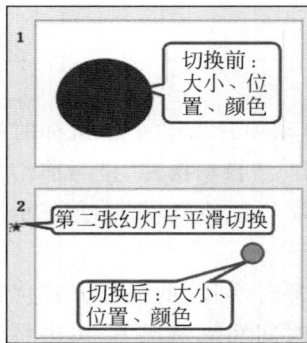

图 3-98　平滑切换前后形态

2. 同一对象的判定

从上面的讲解中我们知道,平滑切换是同一对象的形态变化而产生的动态效果。如何判断是否同一对象呢?主要有两种情形。

(1) 同一类型的对象由 WPS 演示自动判定为同一对象。文本框、图片、各种形状都是一种对象类型,两个同一类型的对象,不论大小、颜色、边框、位置等是否相同,均被认为是同一对象。对于对象组合来说,如果两个组合中包含的对象数量和类型相同,也会被认定为同一对象。

例如图 3-98 所示的两个圆形属于同一类型,能够进行平滑切换;图 3-99 所示的两个对象组合,包含的对象数量和类型均相同,能够自动被认定为同一对象,能够进行平滑切换;图 3-100 所示的三角形和圆形不是同一类型,不能自动被认定为同一对象,平滑切换时是淡出、淡入效果,而不是补间动画的平滑切换。

(2) 同名对象被认定为同一对象。不同类型的对象想要实现平滑切换,可将两个对象命名相同的名字,且名字前有两个英文状态的感叹号。图 3-100 中,单击"开始"→"选择"→"选择窗格",打开选择窗格,将幻灯片中的三角形和圆形均命名为"!! alter",设置第二张幻灯片平滑切换,即可实现平滑切换的动态效果。

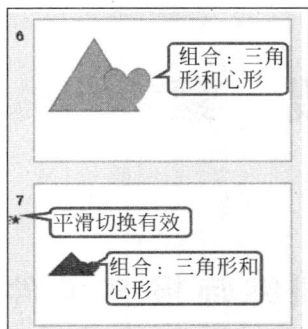

图 3-99　组合被认定为同一对象　　　图 3-100　不同类型对象的平滑切换无效

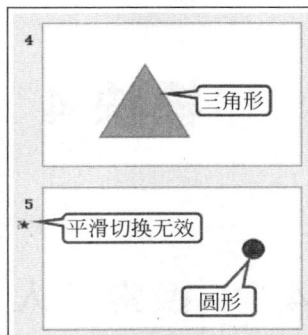

3. 平滑切换实现的特殊动态效果

通过上面对平滑切换的介绍,我们知道了平滑切换是两张连续的幻灯片中同一对象形态的平缓变化,第 1 张幻灯片是变化前的形态,第 2 张幻灯片是变化后的形态,将第 2 张幻灯片设置平滑切换,播放演示文稿时从第 1 张幻灯片的形态平缓变化到第 2 张幻灯片的形态。利用这一原理,可以实现多种炫酷的动态效果,比如大门打开、放大镜、组合字、突显个体等。图 3-101 和图 3-102 分别是平滑切换实现突出个体动态效果的两种形态,变化前幻灯片中有标题和四个目录,变化后目录一变大且置于幻灯片中间,其余内容移出屏幕区域。

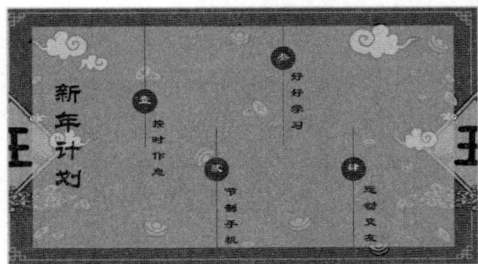

图 3-101　变化前　　　　　　　　　图 3-102　变化后

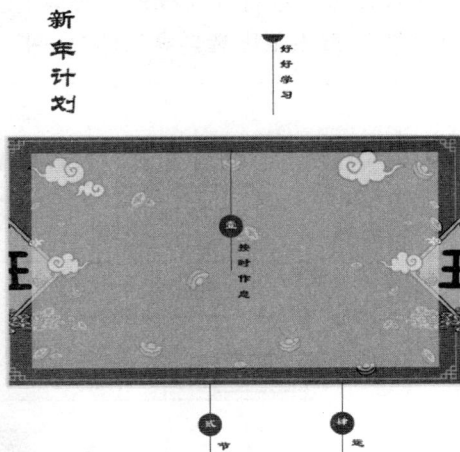

📖 **学以致用**

会计专业毕业的刘同学,任职于某线缆生产企业,是一名会计。针对近期职工咨询的个税专项扣除填报问题,刘同学制作了填报演示文档,介绍各专项扣除的含义及填报过程,方便职工查阅。请协助刘同学制作此演示文稿。

模块 4 AI 搜 索

任务
实现步骤

任务 4-1 搜索 "人工智能训练师报名条件"

任务描述

金格是某高职院校机电一体化专业学生。金格的表哥在深圳一家互联网公司工作，对前沿技术非常了解，表哥告诉金格，在校期间可以考一个"人工智能训练师"，目前就业前景很好。金格非常重视这个信息，他马上使用 AI 搜索有关"人工智能训练师"证书的报名信息。

任务实现

（1）在浏览器中打开"秘塔 AI 搜索"主页，在页面正中的检索栏中输入"人工智能训练师报名条件"，搜索范围选择默认的"全网"、搜索方式选择默认的"深入"，如图 4-1 所示。

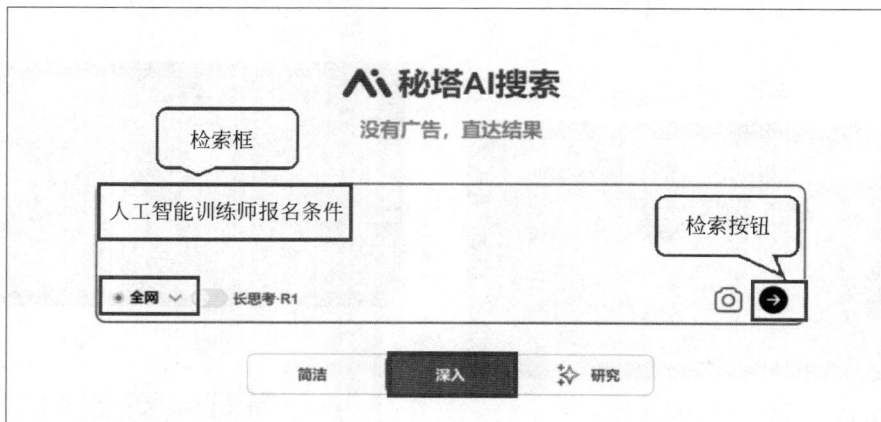

图 4-1 秘塔 AI 搜索"人工智能训练师报名条件"

（2）单击 ➡ 检索按钮，秘塔 AI 从年龄要求、学历要求、工作经验、专业背景、其他要求、报名方式等方面给出了检索结果，检索结果如图 4-2 所示。

（3）经观察检索结果，没有最新的报名时间、考试安排以及费用等信息，为了更好地检索到最新的、官方较为权威的报名信息，可以在检索栏中输入：请给出"人工智能训练师"证书的报名的官方和最新的信息，检索结果如图 4-3 所示。

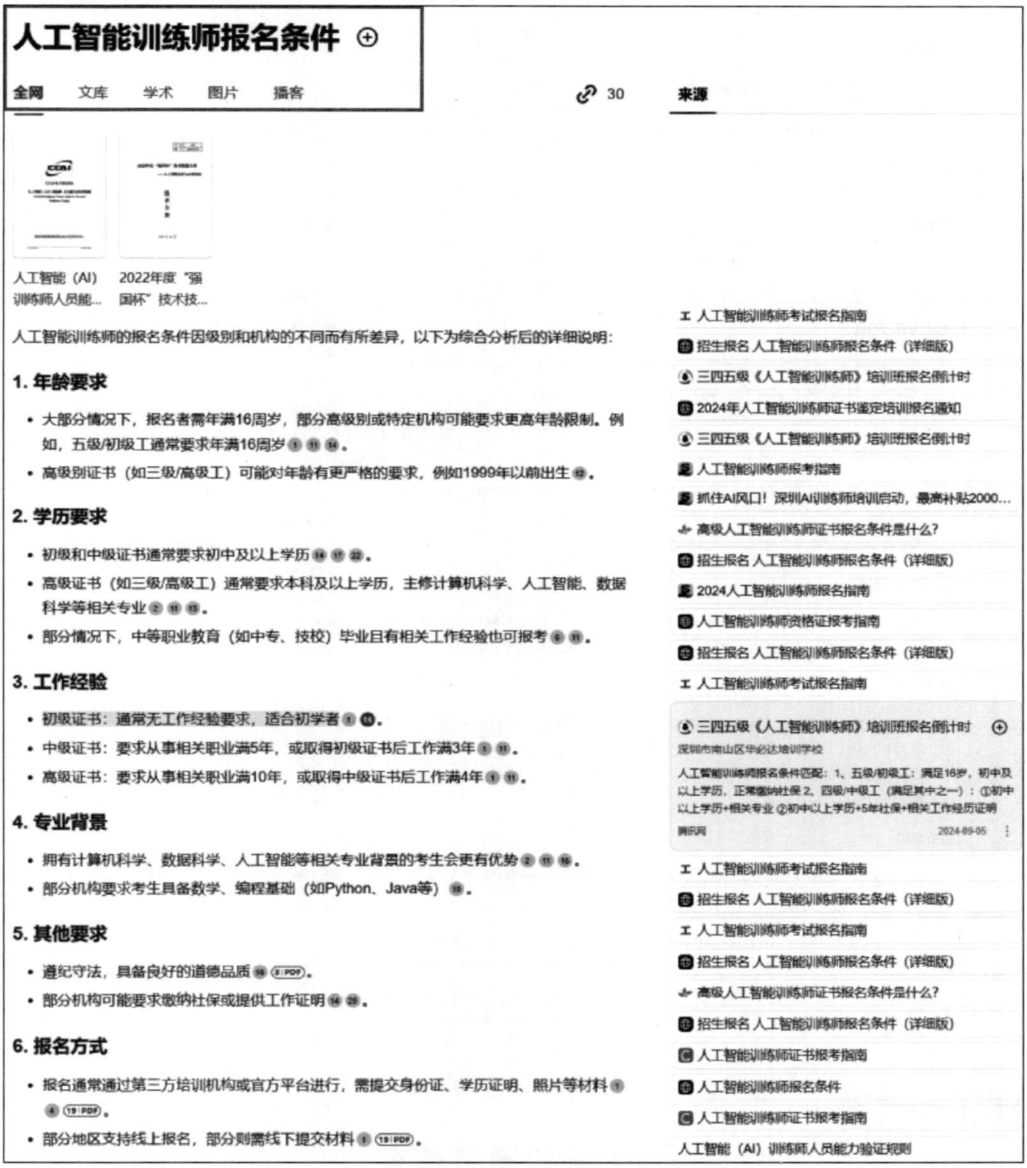

图 4-2　秘塔 AI 搜索"人工智能训练师报名条件"检索结果

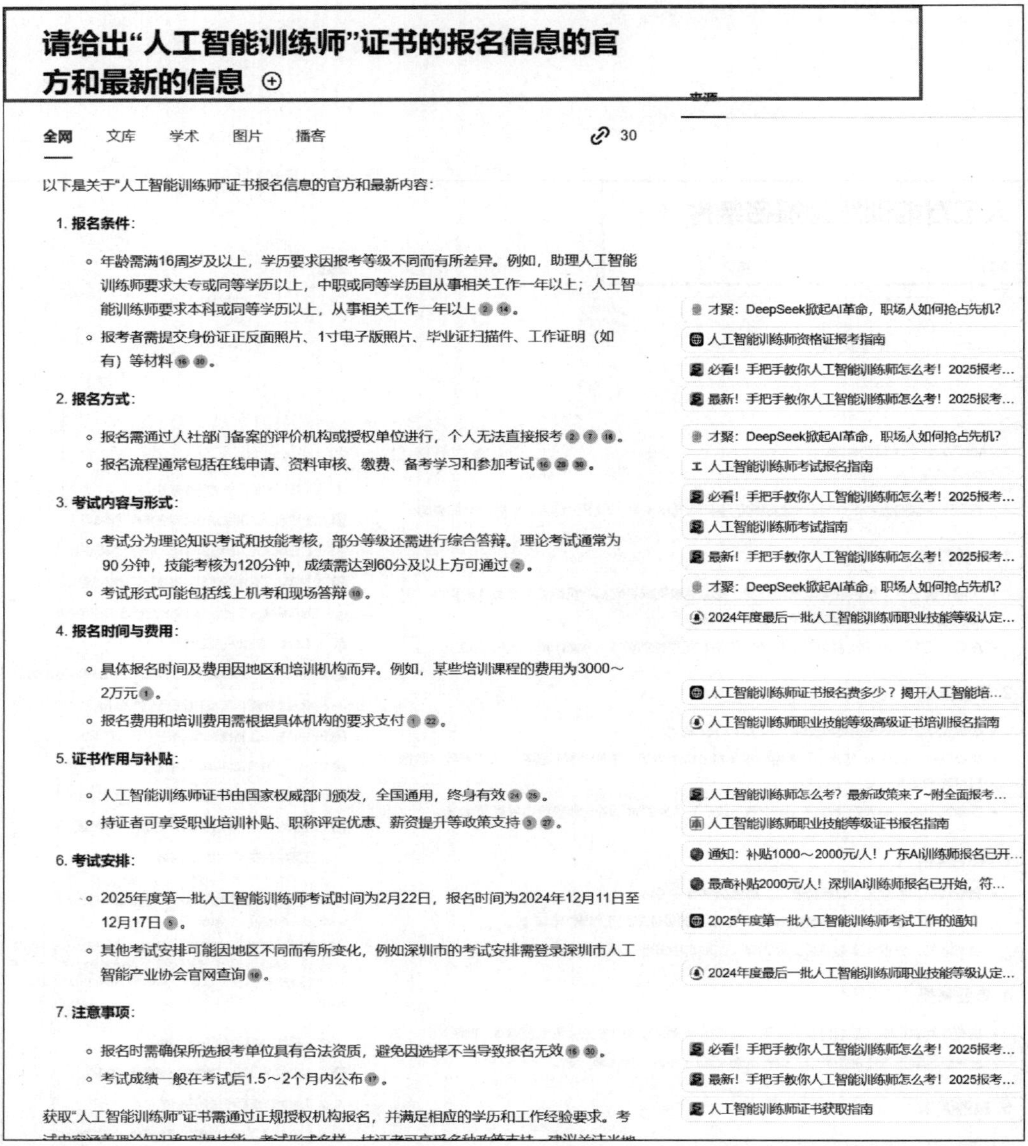

图 4-3　秘塔 AI 修改输入信息后的检索结果

知　识　点

AI 搜索网页信息

一、信息检索

（一）信息检索资源

在日常生活、学习和工作中，每个人都会产生对信息的需求，想去旅行需要了解旅行线路；高考填报志愿需要了解目标大学；每日的生活中需要了解新闻事件等。对信息的需求最终都会转化为信息检索行为,通过检索得到相关的资源,从资源中获取自己想要的信息。在任务 4-1 中,学生想要"人工智能训练师"报名条件,通过秘塔 AI 搜索完成了信息获取。

信息检索是指使用科学的方法,从大量的信息集合中找到有用资源的过程。百度搜索引擎是我们最常使用的信息检索工具,但是信息检索并不仅仅是能够使用百度搜索信息。与早期的纸质资源、手工方式的信息检索不同,如今的信息检索通常是借助于计算机和网络,从互联网这个信息海洋中,找到包含所需信息的网页、图片、视频等数字化资源。掌握信息检索技能,是我们立足社会、创造美好生活的基本要求。

(二)网络信息资源

网络信息资源即互联网上的网页、图片、视频、电子文献等数字化资源的总和,可简称为网络资源、数字资源。网络信息资源采用数字化存储,不仅内容丰富、传播速度快,而且增长迅猛。网络信息资源来源复杂,人人都是自媒体,因此在检索网络信息资源时,要特别关注资源的时效性、权威性,能够鉴别信息的真伪。

1. 网络信息资源的表现形式

网络信息资源覆盖了不同学科、不同领域、不同地域、不同语言的信息资源,其表现形式可以是网页、文档、图片、音频、视频、软件、数据库等多种形式。

2. 不同信息资源的特征项

按照信息内容和信息来源,将网络信息资源分为以下六种类型。

(1)全文型信息:电子期刊、网上报纸、印刷型期刊电子版、电子图书、视频课程、政府出版物、标准全文等。

(2)事实型信息:各级各类政府机关、企事业单位网站发布的信息、天气预报、车次航班、工程实况等。

(3)数值型信息:各种统计数据。

(4)数据库类信息:如中国知网、万方等都是网络数据库。

(5)微内容:由个人用户生产的自媒体内容,如微信公众号、各种论坛、B 站视频、微博、知乎等。

(6)其他类型:投资行情和分析、图形图像、影视广告等。

(三)网络信息资源的检索步骤

虽然每个人的信息需求各不相同,但为了获得恰当的信息资源,一般需要使用不同的检索工具和数据库,按照一定的途径与方法才能检索出需要的资源。信息检索通常包含以下三个步骤。

1. 根据需求确定检索数据库

面对各种各样的信息需求,比如新闻事件、饮食营养、火车线路、旅行规划、疾病等,在实施检索之前,应首先根据需求选择合适的数据库,以便快速得到满意的结果。常用的检索数据库如下。

(1)网页数据库:可检索涵盖各类信息的网页,如百度、谷歌、搜狗等。

(2)社交平台:可检索生活经验、技巧,如百度知道、B 站、豆瓣、知乎、微博、马蜂窝旅行等。

（3）图库：可检索图片，如百度图库、搜图网等。搜图网是一个无版权图片库，提供的图片可免费放心使用。百度图片检索提供了图片的网站链接，但是图片的版权信息无从考证，应谨慎使用。

（4）电子文档数据库：可检索文档形式的各类数字资源，如百度文库、豆丁网等。

（5）电子图书数据库：可检索电子图书，如超星读秀、万方数据等。

（6）在线课程平台：可检索视频形式的专业课程，如网易公开课、中国大学 MOOC 等。

（7）文献数据库：可检索专业文献（学术论文、科技报告），如中国知网、万方数据等。

（8）专利数据库：可检索专利信息，如国家知识产权局专利检索、佰腾网等。

2．确定检索条件

确定了检索数据库，也就是确定了在哪个网站或者平台进行检索，下面就需要根据实际需求，明确检索条件，也就是怎么检索。检索条件包括以下三部分。

（1）检索字段及其对应的检索词：检索字段也称检索项，是信息资源的一些特征。比如图书，其特征有书名、作者、出版社、出版时间等，检索词即是检索字段的具体取值。比如检索"作者为张军"的图书，"作者"是检索字段，"张军"是检索词。

（2）多个检索字段的逻辑关系：多个检索字段的逻辑关系主要有"并且"和"或者"，指定检索字段之间的逻辑关系，能够快速获得想要的结果。比如，检索"作者张军在北京理工大学出版社"出版的图书，可表述为"作者为张军"并且"出版社为北京理工大学出版社"，也就是说，需要作者和出版社同时满足要求。

（3）检索词匹配方式：即检索词与信息资源相应特征项的匹配方式，包括精确匹配和模糊匹配，模糊匹配又细分为部分匹配、分词匹配和同义词匹配。比如"作者为张军"，精确匹配时只有"作者"是"张军"这两个字的图书符合要求，模糊匹配时"作者"中包含"张军"这两个字的图书均符合要求，如"张军军"（部分匹配）、"张立军"（分词匹配）等。

二、网页检索

（一）网页检索要素

网页是新闻报道、通知公告等网络信息资源的载体，主要呈现文本、图片等信息形式。从信息检索角度，网页元素包括标题、正文、URL 地址和网页建立时间等，如图 4-4 所示。

（二）搜索引擎

面对互联网信息海洋中不计其数的网页，如何快速找到包含所需信息的网页，这时就要使用搜索引擎。搜索引擎是一种特殊的软件系统，它首先根据一定的策略从互联网上搜集信息，并对信息进行组织和处理，形成数据库；当用户提出检索需求时，将满足检索要求的网页链接以列表形式展示给用户。

搜索引擎的主要检索方法有关键词检索和分类检索，以百度为例，在首页正中输入关键词的方式为关键词检索；在首页单击"更多"，可以看到"文库""视频""图片"等类别，这种方式则属于分类检索。

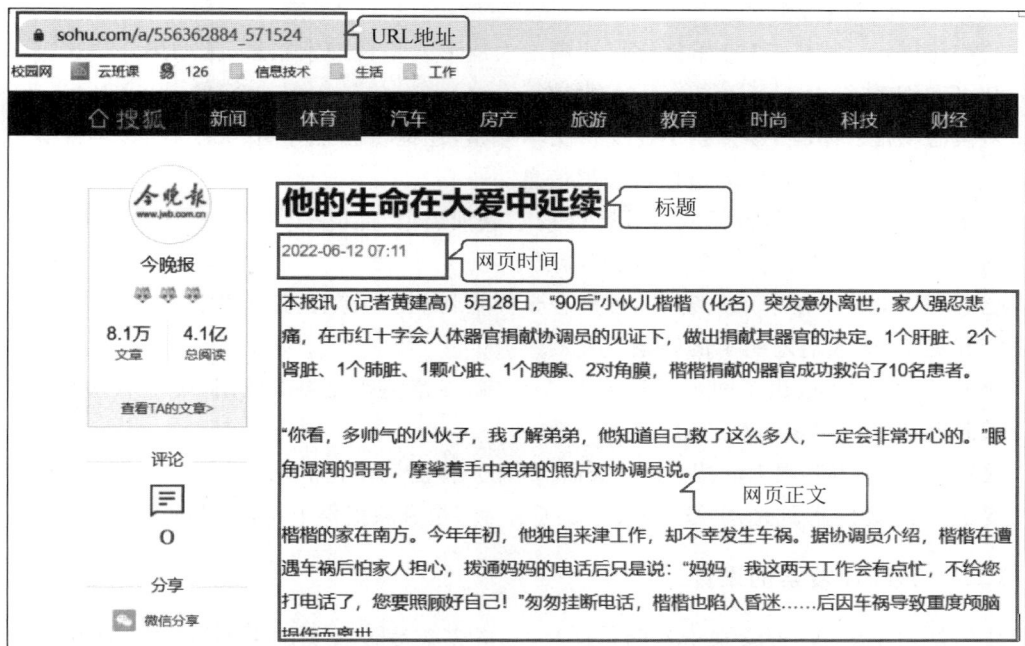

图 4-4　与检索相关的网页元素

　　有些读者在检索时,常常会把疑问式的问题描述作为检索关键词,比如,感觉自己缺乏自信,想要检索怎样才能变得自信时,将"怎样才能变得自信?"作为检索关键词。

　　虽然搜索引擎能够识别并且获得一定的检索结果,但是这种方式效率低下,而且会有遗漏。此时可选择问题中的名词或者名词性短语作为检索关键词,例如"增强自信",这样才能快速、准确地得到检索结果。

三、AI 搜索网页信息

(一)秘塔 AI 搜索

1. 秘塔 AI 搜索软件简介

　　秘塔 AI 搜索是一款由上海秘塔网络科技有限公司推出的创新型人工智能搜索引擎,于 2024 年 1 月 5 日正式发布。秘塔 AI 搜索依托于大语言模型根据用户的关键字进行网页检索,为用户提供无广告、直达结果的搜索方式,同时通过先进的自然语言处理技术和深度神经网络技术,深度理解用户的查询意图,从而提供精准的搜索结果。

　　秘塔 AI 搜索的核心功能包括语义理解、问题分析和信息整理,能够快速捕捉关键信息并将其整理成清晰、突出的重点内容。此外,秘塔 AI 搜索还支持思维导图和大纲功能,帮助用户更高效地记忆和整理信息。在使用过程中,用户只需在搜索框中输入关键词,即可获得结构化、准确的答案,并可直接引用来源。

2. 秘塔 AI 搜索的主要特点

　　无广告干扰:秘塔 AI 搜索提供一个干净、简洁的搜索结果页面,用户可以直接获取所需信息,无须面对广告干扰。

结构化展示:秘塔 AI 搜索能够以清晰的大纲形式呈现搜索结果,帮助用户快速理解信息的脉络和细节。

多模态功能:秘塔 AI 搜索不仅支持文本搜索,还提供思维导图、大纲、相关事件等信息提取功能,帮助用户更高效地整理和理解信息。

学术模式:在学术研究领域,秘塔 AI 搜索表现出色,能够提供严谨的搜索结果,并支持论文摘要悬浮显示和参考文献格式的清晰展示。

全网搜索能力:秘塔 AI 搜索能够整合全网资源,提供综合性的搜索结果,并对信息进行总结和提炼,生成清晰明了的答案。

秘塔 AI 搜索还推出了网页版和手机 App 端,支持免费无限次使用,用户可以通过多种设备随时随地进行搜索。

秘塔 AI 搜索以其强大的搜索能力、简洁的用户体验和多样的功能特点,正在逐步改变用户的搜索习惯,为学术研究、学习教育、日常生活等多个领域提供了高效、精准的解决方案。

(二)秘塔 AI 搜索的设置

我们使用秘塔 AI 搜索来检索网页信息时,除了需要设置关键字外,还需要指定搜索范围、搜索模式和是否图片等参数来设置检索。

1. 设定搜索范围

用秘塔 AI 搜索来检索网页信息时,检索范围除了默认的"全网",还有"文库""学术""图片""播客""我的"还可以设置偏好,如图 4-5 所示。具体如下。

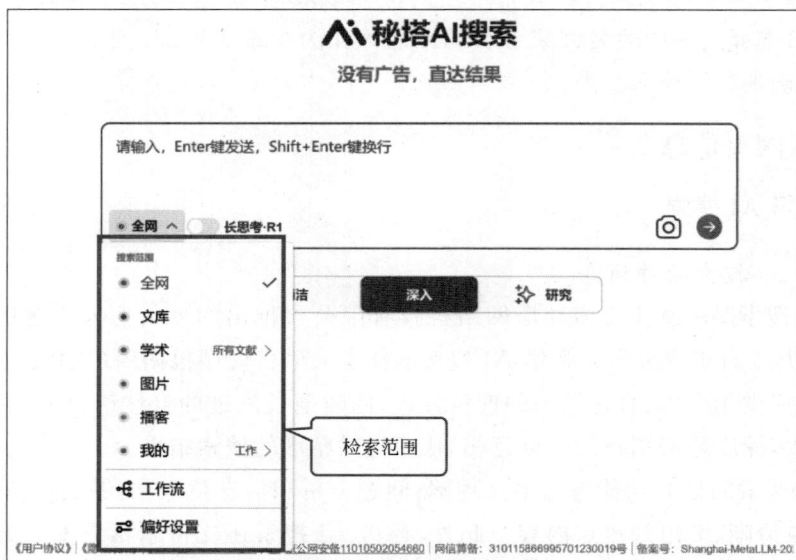

图 4-5　秘塔 AI 搜索范围设置

(1)全网。

秘塔 AI 搜索的范围默认就是"全网"。它涵盖秘塔所有可搜索的内容来源,包括全网信息、学术期刊论文、文库文档、播客等各种资源,范围广泛,没有特定限制,能提供更全面、通用的信息。

（2）文库。

秘塔 AI 搜索还提供了中文库和英文库的搜索功能,用户可以根据需求选择特定语言的资源进行搜索。秘塔使用了 OCR 技术,把所有的 PDF 等文库文件都进行了识别,针对文档库资源进行搜索,方便用户查找各类文档资料,如报告、论文、手册等,适用于学习、研究和工作中的资料收集。

（3）学术。

秘塔 AI 搜索可以将搜索范围限定为学术领域,主要聚焦于期刊和论文。这种模式适合学生、科研人员等需要专业文献和学术资料的用户。学术搜索的结果通常以文献的形式呈现,并支持快速浏览摘要和导出参考文献。

（4）图片。

秘塔 AI 搜索新增了图片搜索功能,用户可以选择按类别展示相关图片,甚至通过“以图搜图”功能进一步查找相关内容,可以支持搜索图片资源,可帮助用户查找特定主题的图片用于设计或展示。

（5）播客。

秘塔 AI 搜索范围广泛整合了互联网上的博客等资源,将来自不同领域、不同视角的博客文章纳入搜索范畴,可满足用户在音频方面的信息需求,获取相关播客节目进行学习或娱乐。

（6）我的。

秘塔 AI 搜索范围中包含“我的”一项,其中有可以分为“工作”和“生活”。如果设定了选择范围为“我的工作”则搜索内容针对性更聚焦于用户自定义的与工作相关的内容,比如用户通过专题功能创建的特定工作专题知识库,或上传的与工作相关的文档等。搜索结果围绕用户设定的工作领域、项目等,具有很强的针对性。

（7）工作流。

秘塔 AI 搜索范围中的工作流是将一系列按顺序排列的任务或步骤进行了整合的一种检索范围。用户只需在主界面搜索框处切换至“工作流”,即可使用该功能。工作流覆盖了多种场景,如图 4-6 所示,具体操作步骤如下。

首先用户选择工作流:在页面中找到并单击“工作流”选项,进入工作流功能界面。

然后选择工作流类别:根据自身需求,从行业研究、宏观经济与环境分析、金融研究与投资、管理与战略、营销与品牌、周报与日报、运营文案 7 个方面的工作流中选择相应类别。每个类别下还细分了多种具体场景,比如营销与品牌类别下有品牌竞争分析、竞品分析、市场分析和产品服务评价等。最后可根据需要在底部选择将结果导出为 Word 或 PDF 格式的文档,方便进一步使用和分享。

2. 设定搜索模式

在任务中可以看出（图 4-1）,秘塔 AI 搜索模式可以理解为搜索的“详细程度”,分为“简洁”“深入”“研究”三种模式,其中“深入”模式为默认模式,主要区别如下。

（1）信息呈现目的不同。

简洁模式:提供快速、概括性的信息,帮助用户在短时间内对某个主题有初步的了解和

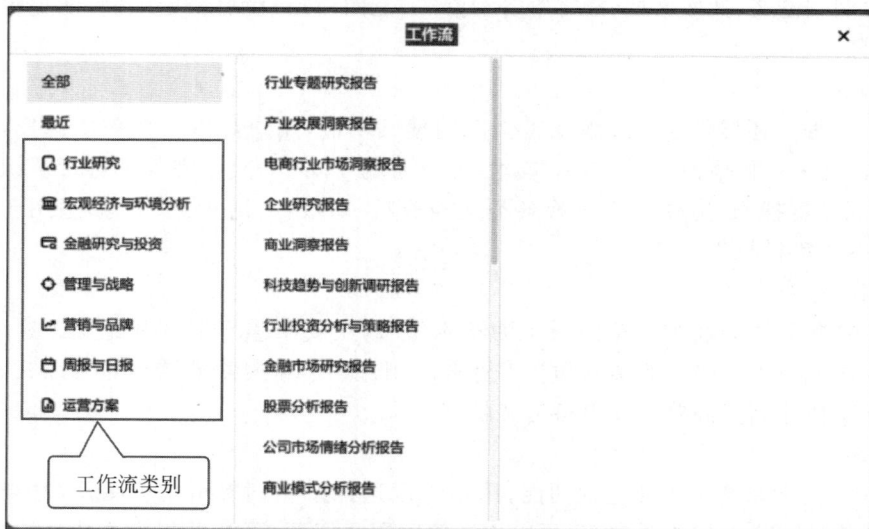

图 4-6　秘塔 AI 搜索范围设置中的"工作流"

认识,迅速把握核心要点。

深入模式:以帮助用户全面理解内容为目的,在简洁模式的基础上,对关键信息进行更详细的解释和阐述,呈现更多的细节、背景信息或分析。

研究模式:主要是为满足用户深入研究的需求,提供丰富、全面专业的研究资料和深度分析,适合专业研究人员或对某个主题有深入探究需求的用户。

(2)信息源数量及范围不同。

简洁模式:信息源相对较少,一般在 10 条左右。这些来源通常是能直接体现主题核心内容的常见渠道。

深入模式:信息源数量有所增加,大约为 30 条。会涵盖更多不同角度和层面的信息来源,以丰富对主题的阐述。

研究模式:信息源非常丰富,可达 70 条左右甚至更多。会广泛挖掘各种学术资源、专业文献、深度报道等,尽可能全面地收集与主题相关的信息。

(3)内容详细程度与深度不同。

简洁模式:内容简洁扼要,只呈现最关键、最核心的信息,通常是对问题的简单回答或对概念的简要介绍,不涉及过多的细节和扩展内容。

深入模式:内容更加详细,会对主题进行多方面的解读,包括相关的背景知识、主要特点、影响因素等,能让用户对主题有更深入的理解,但一般不会过于深入专业领域的前沿研究和复杂分析。

研究模式:内容极为详细和深入,不仅包含深入模式中的所有内容,还涉及专业领域的前沿观点、研究数据、不同学术观点的对比分析等,甚至可能对问题进行跨学科的探讨,为用户提供全面、深入的研究素材。

(4)适用场景不同。

简洁模式:适用于用户只是想快速了解某个事物的基本概念、主要事实,或者在时间紧迫的情况下,快速获取关键信息,如了解一个新的名词术语、快速知晓某个事件的大致情况等。

深入模式:适用于需要对某个主题进行进一步了解,想要掌握更多详细信息,但又不需要达到专业研究水平的场景,如学习一门新知识、了解某个行业的基本情况、准备一般性的报告等。

研究模式:适用于学术研究、专业课题探讨、撰写深度报告等需要大量专业资料和深入分析的场景,如科研人员进行课题研究、学者撰写学术论文、企业进行市场调研等。

例如,以"高职学生如何提升职业技能"为例,说明秘塔 AI 搜索三种模式的不同呈现。

① 简洁模式:检索结果包含高职学生提升职业技能可通过参加专业课程学习,掌握理论基础;利用学校实训基地进行实践操作;考取相关职业资格证书,增加就业竞争力,其信息来源大约 10 个,主要是一些高职教育网站、职业技能提升的一般性文章等,如图 4-7 所示。

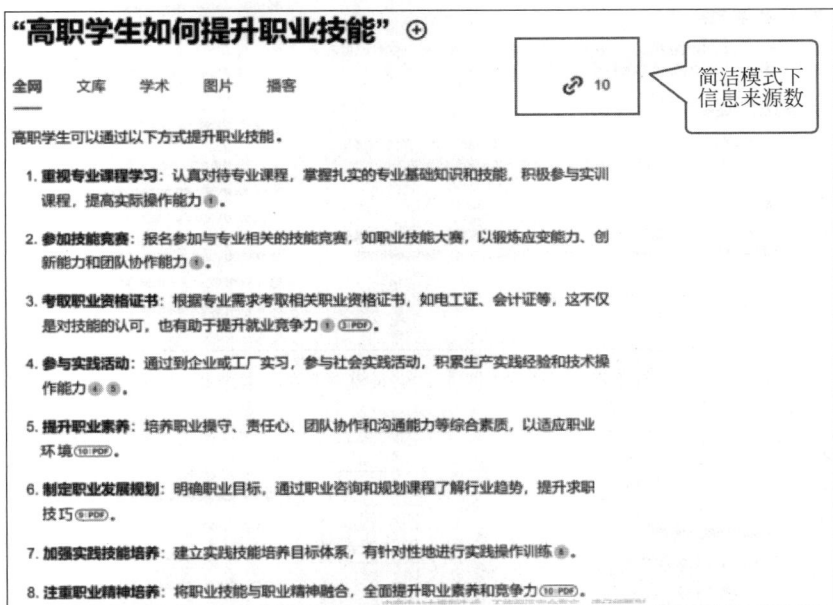

图 4-7　秘塔 AI 搜索模式为"简洁模式"的检索结果

② 深入模式:该模式为默认模式,检索结果包括专业课程学习,详细介绍高职学生应如何选择适合自己职业发展的专业课程,除了必修课程外,还应关注选修课程与行业前沿技术的结合度。还有实训基地实践、职业资格考证以及相关事件:提及一些学校组织学生参加技能大赛获奖的案例,说明通过参与竞赛可以有效提升学生的职业技能和综合素质等,信息来源大约 30 个来自高职学校官网、专业技能培训网站、行业协会发布的资料等,如图 4-8 所示。

③ 研究模式:检索结果包含了专业课程学习、课程体系分析以及学习方法研究,比如探讨适合高职学生的学习方法,如项目驱动学习法、案例教学法等在实际课程中的应用效果。介绍如何利用在线学习平台、虚拟实验室等资源进行自主学习和拓展学习。实践教学模式创新、实践项目管理与评估还包含了职业资格考证、其他提升途径,并给出了个体差异与应对策略,信息来源包含了 70 个以上的相关信息,一般情况下速度比较慢,如图 4-9 所示。

用户可以根据实际选择恰当的检索模式,或者选择几种模式对照来进行检索。

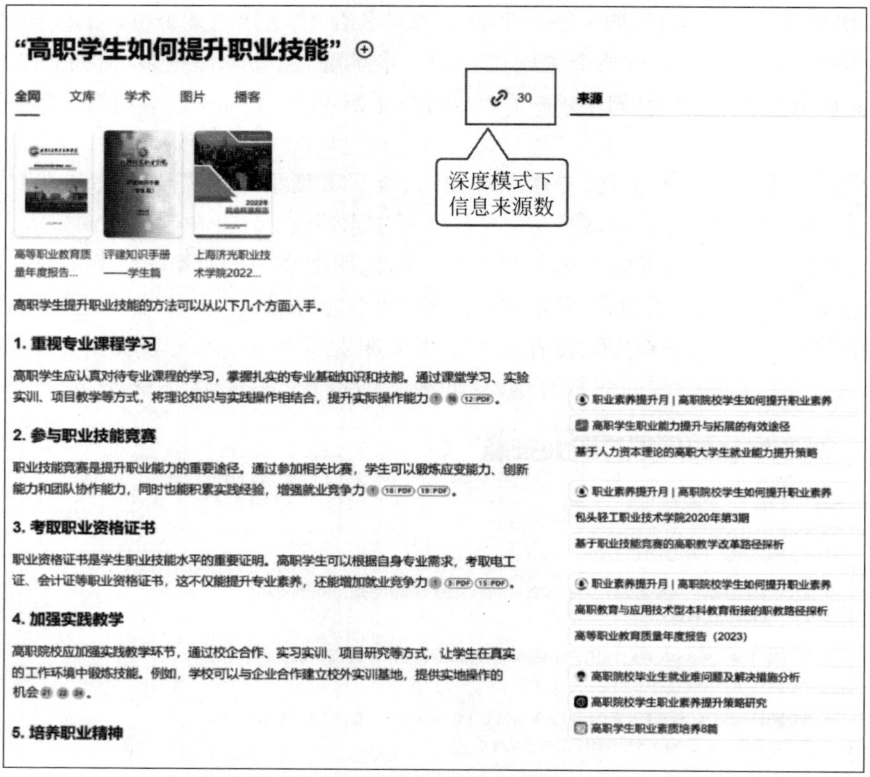

图 4-8　秘塔 AI 搜索"深入模式"的检索结果

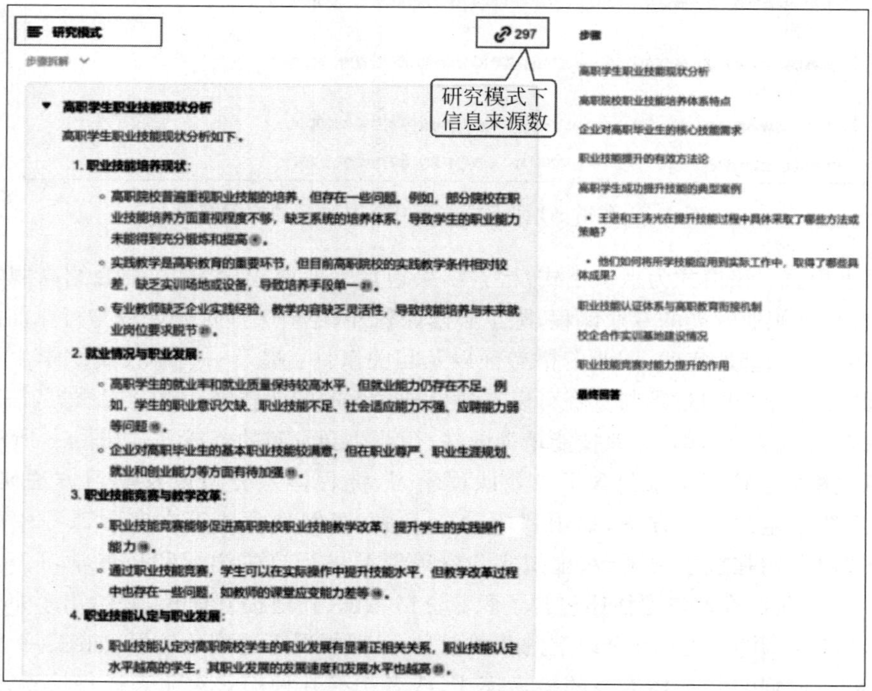

图 4-9　秘塔 AI 搜索模式为"研究模式"的检索结果

📖 **学以致用**

使用秘塔 AI 搜索,查找"华为"品牌现状及竞争分析报告。

任务 4-2　搜索励志图片

✏️ **任务描述**

　　金格对自己的大学生活非常不满意,感觉自己每天玩游戏的时间太长了,但是周围的同学都是这个状态,金格也难以让自己保持奋斗的状态,总是没过几天就放弃了。为了激励自己积极向上,金格搜索了 4 张励志的图片,贴在自己床头,时刻鼓舞自己。

🖋️ **任务实现**

　　(1)在浏览器中登录秘塔 AI 搜索官网主页。

　　(2)在页面正中的检索栏中输入"励志图片",将搜索范围设置为"图片"。该设置让搜索目标更加明确,系统会精准地从海量的网络资源中筛选出各类图片,排除其他诸如文本、音频等无关信息的干扰,大大提高了搜索效率,如图 4-10 所示。

图 4-10　秘塔 AI 检索图片设置

　　(3)选择模式为默认的"深入"模式,单击"→"检索按钮或者按 Enter 键,检索结果如图 4-11 所示。

图 4-11　秘塔 AI 检索励志图片的结果

111

（4）分类功能。在检索结果中，所有的"励志"图片是混合在一起显示的，为了更好地检索满意的图片，右侧展示不同类别，选中屏幕右上方的"分类"按钮，可以检索结果中的图片进行细化分类，方便用户从中选出喜欢的图片，检索结果如图 4-12 所示。

图 4-12　秘塔 AI 检索励志图片后分类的结果

（5）单击满意的图片，在弹出的菜单中选择"图片另存为"后保存图片，如图 4-13 所示。

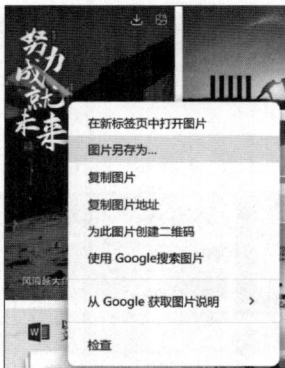

图 4-13　秘塔 AI 保存图片

知 识 点

AI 搜索图片

一、网络图片资源

在任务 4-2 中，我们使用秘塔 AI 搜索并下载了 4 张励志图片，下面详细学习搜索图片相关内容。

（一）图片相关要素

图片是互联网中常见的电子资源，是指由图形、图像等构成的平面媒体。从字面意思可以简单地认为图片即图画和照片。照片大家都很熟悉，是由照相机通过拍摄现实场景而形成的图像。图画则是画出来的，可以是在纸张上手绘，也可以是计算机连接绘板手绘，或者直接使用软件绘制，如漫画、卡通画等。照片、手绘画和软件绘画在视觉效果上有些不同，如图 4-14 所示，读者可自行体会。

图片
相关要素

(a) 风景照片　　　　(b) 软件绘制　　　　　(c) 手绘

图 4-14　三种不同来源的图片

1. 位图与矢量图

位图又称为点阵图，是由一组彩色的小正方形（像素点）组成的，众多像素点排列在一起，形成图像。放大位图时相当于放大每个像素点，放大到一定程度时会导致线条和形状参差不齐。与位图对应的是矢量图，矢量图由数学公式构成，图像大小改变不影响数学公式的表达。因此矢量图可以随意缩放，不论如何改变矢量图像的大小，矢量图的质量都不会改变，如图 4-15 所示。

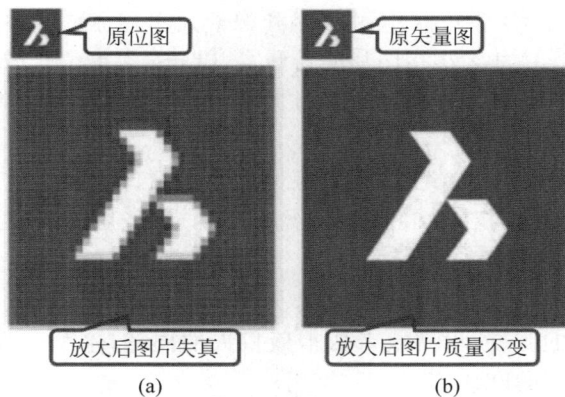

图 4-15　位图与矢量图放大效果

2. 图片的内容

图片的内容包括具象内容和抽象内容两个方面，具象内容是图像所展示的直观形象，抽象内容是图片隐含的意义。比如，在任务 4-2 中我们搜索励志图片，找到了一张男子起跑的图片，对这张图片来说，其具象内容是"男子起跑"，其抽象内容可以是"励志、奋斗"等。

再如图 4-16，其具象内容是"志愿者搀扶老人上楼梯"，其引申含义为"奉献、爱心、尊老"等。

图 4-16　具象内容与抽象内容图片示例

3. 图片的格式

图片存储或传播时，有多种不同格式，常见格式有 JPG、PNG、TIFF、PSD、BMP、GIF 等。

JPG 是最常用的图像文件格式，数码相机、手机摄像头拍摄的照片均为 JPG 格式，是一种有损压缩格式，能够将图像压缩在很小的储存空间，文件容量较小适合网络传播。

PNG 格式是一种便携式网络图形，采用无损压缩方式的位图格式。体积小，无损压缩，不损失数据可以达到重复保存而不降低图像质量。

TIFF 是最复杂的一种位图文件格式，广泛应用于对图像质量要求较高的图像的存储与转换中。由于结构灵活和包容性大，目前已成为图像文件格式的一种标准，绝大多数图像系统都支持这种格式。

PSD 是图像处理软件 Photoshop 的专用格式，可以存储所有的图层，通道参考线、注解和颜色模式等信息。文件容量较大，能够在 Photoshop 中打开并进行图层等编辑处理。

BMP 是 Windows 操作系统中的标准图像文件格式，Windows 环境中运行的图形图像软件都支持 BMP 图像格式。采用位映射存储格式，除了图像深度可选以外，不采用其他任何压缩，BMP 文件所占用的空间很大。

GIF 的原义是图像互换格式，是 CompuServe 公司在 1987 年开发的动图文件格式。GIF 格式可以存多幅彩色图像，如果把存于一个文件中的多幅图像数据逐幅读出并显示到屏幕上，就可以构成一种最简单的动画。

4. 图片的大小

图片的大小包含图片容量大小、尺寸大小和像素大小。容量大小指图片所在的存储空间，以 KB、MB 为单位。尺寸大小指图片的长和宽，以 cm 为单位。像素大小指图片所包含的像素数量，以长度方向的像素数量×宽度方向的像素数量来表示，单位为 px。

5. 图片的版权

图片作为一种艺术作品，网络上的每一张照片和图画，都有其背后的创作者，创作者拥有该图片的版权。根据著作权法，出于商业、盈利目的，未经版权所有人同意或者支付报酬而使用图片，属于违法侵权。

网络上提供图片搜索和下载的图库，大部分并不拥有图片的版权。当出于商业目的使用图片时，要注意图片的版权，付费或者取得版权人的同意，也可以到专门的无版权图库，如别样网等，减少不必要的麻烦。

二、AI 搜索图片

（一）秘塔 AI 搜索直接检索图片

本例中使用秘塔 AI 搜索励志图片。除了需要设置关键字外，还需要指定搜索范围为图片、搜索模式和是否图片等参数来设置检索。

1. AI 搜索范围的设定

用秘塔 AI 搜索来检索图片时可以通过单击下拉菜单把选择范围设定为"图片"选项。

此时，搜索结果将仅聚焦于图片资源，排除其他类型的资源。

如果选择"全网"搜索范围，秘塔 AI 搜索会从各类网站、平台中筛选图片；选择"文库"则会查找文档中的图片资源，方便获取如报告、论文里的相关配图。

2. AI 图片图片搜索关键词的输入

用秘塔 AI 搜索来检索图片时，在检索栏中输入描述所需图片的关键词，比如"自然风光""宠物小狗""科技感海报"等。关键词越精准，越能快速获取符合需求的图片。例如，想要海边风景图，输入"海边风景高清图片"，相比只输入"海边"，能更准确地定位到理想图片，如图 4-17 所示。

图 4-17　关键词越精准图片检索越好

3. AI 搜索图片时分类的引入

搜索结果页面右侧通常展示不同类别，如"人物""风景""美食"等。单击相应类别，页面会快速定位到该分类下的相关图片，缩小查找范围。比如搜索"动物"图片后，单击"猫"类别，能快速找到各种猫咪的图片。

在本任务中，我们搜索"励志图片"，单击"励志与追求梦想"类别，出现的"梦想与坚持""努力奋斗"等方面的图片，从而减少其他不相关图片干扰。因此，通过相应类别可快速定位到相关内容，能缩小查找范围，间接筛选出相关性高的图片。

（二）秘塔 AI 可拓展的"以图搜图"功能

秘塔 AI 搜索还具备独特的"以图搜图"功能。当用户手中持有一张与所需图片相似的图片时，通过上传这张图片，搜索系统会智能分析图片的特征，包括颜色分布、形状轮廓、内容元素等，然后在数据库中匹配并展示与之相似或相关的其他图片。这一功能为用户发现更多符合需求的图片提供了新的途径，尤其适用于用户对图片风格、主题有特定要求，但难以用文字准确描述的情况。例如，用户上传一张衣服的图片，秘塔 AI 会展示类似的服装图片,甚至提供搭配建议。

1."以图搜图"举例

下面用以图搜图功能完成任务 4-2。首先找到一张励志图片,然后打开"秘塔 AI 搜索"主页,单击 📷 图标,上传一张励志主题的图片,单击检索框下方的"以图搜图"按钮即可,如图 4-18 所示,检索结果如图 4-19 所示。

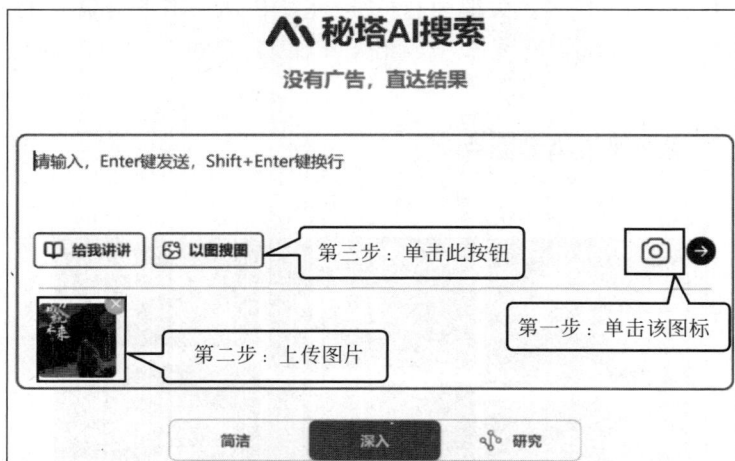

图 4-18　秘塔 AI 以图搜图的设置

图 4-19　秘塔 AI 以图搜图的检索结果

2. "以图搜图"功能说明

秘塔 AI 图片的"以图搜图"功能界面,它不仅能识别图片中的内容,还能提供相关信息。像上传服装图片,能给出穿搭建议;用户可以通过上传数学题图片,通过单击"解题"按钮,秘塔 AI 图片能给出解题过程和答案,如图 4-20 所示。这使得秘塔 AI 图片搜索不限于图片检索,还能延伸到知识获取、生活建议等领域,拓展了图片搜索的应用边界。

图 4-20　秘塔 AI 以图搜图的解题功能

(三)秘塔 AI 搜索图片优势

与传统的网页图片检索方式相比,秘塔 AI 的以图搜图功能具有以下几个主要优点。

1. 高速精准的图片检索

秘塔 AI 搜索图片运用先进的自然语言处理技术,可精准解读用户输入的关键词。例如任务中搜索"励志图片",它能准确领会需求,从海量图片库中快速筛选出高度匹配的结果,减少用户查找图片的时间成本,提升搜索效率。相比传统搜索引擎,其对关键词的理解更深入,不会出现因关键词模糊而导致的搜索结果偏差,确保用户快速获取所需图片。

2. 丰富优质的检索结果

搜索范围覆盖全网各类资源,无论是常见网站、专业图片库,还是小众平台的图片,都有可能被检索到。这使得搜索结果丰富多样,能满足不同用户对图片的差异化需求。

3. 直观性

秘塔 AI 的以图搜图功能,用户可以直接上传图片进行搜索,而不需要使用关键词描述,这对于难以用文字准确描述的图片内容来说更加直观和方便。同时传统的图片检索依赖于关键词匹配,可能会因为关键词的不准确或缺失而找不到想要的图片。秘塔 AI 的以图搜图功能通过图像识别技术,能够更精确地匹配图片内容,减少搜索误差。

4. 智能性

秘塔 AI 的搜图功能可以根据用户上传的图片智能推荐相关图片,这比传统搜索更能够满足用户的个性化需求。

总的来说,秘塔 AI 搜索图片的功能为用户提供了一种更高效、更准确、更个性化的图片搜索体验。

学以致用

使用秘塔 AI 搜索,查找体现"迎接挑战"主题的图片,作为个人发展规划的配图。

任务
实现步骤

任务 4-3　搜索大学体育活动设计的相关文献

任务描述

金格作为学院体育部部长,发现同学们课余时间沉迷手机游戏,好多同学的体能测试都不合格。为了激发学生参与体育锻炼,他先后组织了拔河比赛、夜跑打卡等活动,但参与者寥寥无几。为了解大学生对体育活动的真实需求,他搜索了"大学生课余运动参与动机""大学体育活动成功案例"等文献,试图通过文献的科学指导,开发出同学们感兴趣的活动。

任务实现

(1) 在浏览器中打开"秘塔 AI 搜索"主页,在页面正中的检索栏中输入"与'大学生课余运动参与动机'相关的文献",将搜索范围设定为"学术"、搜索方式选择默认的"深入",如图 4-21 所示。

图 4-21　秘塔 AI 文献检索设置

(2) 单击 ➡ 检索按钮进行搜索,检索结果如图 4-22 所示。

(3) 通过检索结果可以看出,秘塔 AI 给出了 29 篇参考文献,同样的步骤以"大学体育活动成功案例"为关键词进行检索,将搜索范围设定为"学术",搜索方式选择默认的"深入",单击 ➡ 检索按钮进行搜索,检索结果如图 4-23 所示。

(4) 虽然通过文献检索秘塔 AI 给出了相关文献,但是仍然不太符合我们的要求。我们希望基于相关文献,开发出大学生感兴趣的体育活动。因此可以尝试使用关键字:"通过'大学生课余运动参与动机''大学体育活动成功案例'等文献,给出同学们感兴趣的活动"进行检索。将搜索范围设定为"学术"、搜索方式选择默认的"深入",单击 ➡ 检索按钮进行搜索,检索结果如图 4-24 所示。

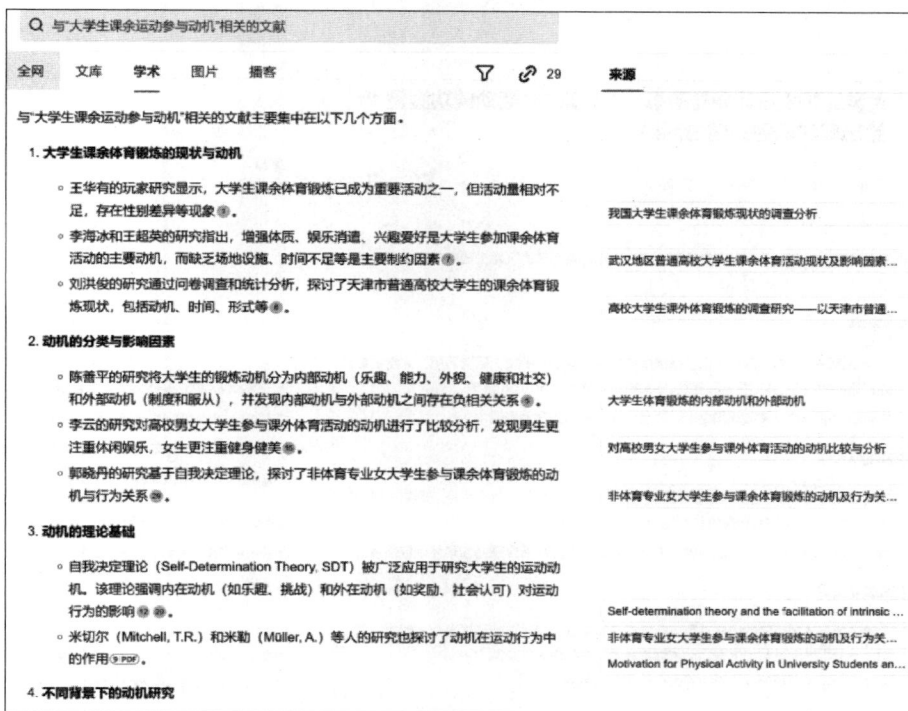

图 4-22　秘塔 AI 文献检索结果 1

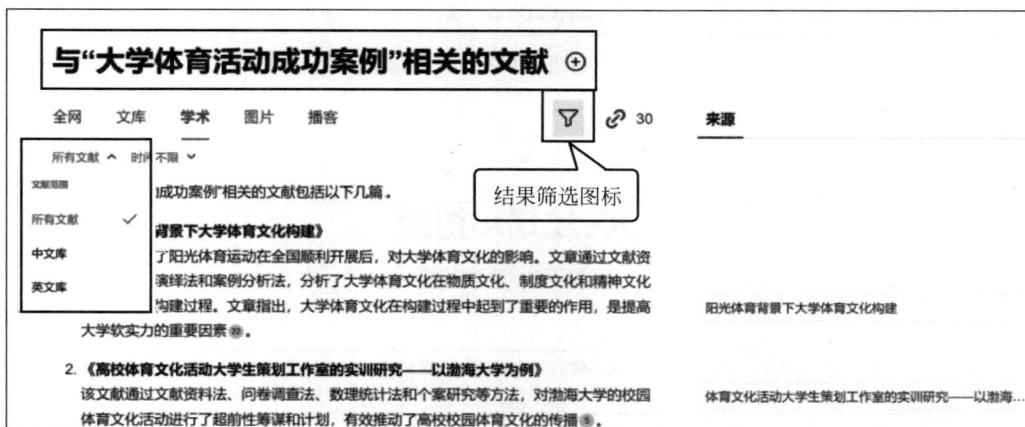

图 4-23　秘塔 AI 文献检索结果 2

（5）上述检索给出了一些检索结果，因为最后要给出一个活动方案，我们将步骤（4）搜索方式选择"研究"模式，其他选项不变，以获取更丰富、深入且专业的文献资料，满足深入研究的需要，具体检索设置如图 4-25 所示。

（6）单击右下角 ➡ 检索按钮，秘塔 AI 搜索文献给出了五种活动方案和 69 篇参考文献，如图 4-26 所示。

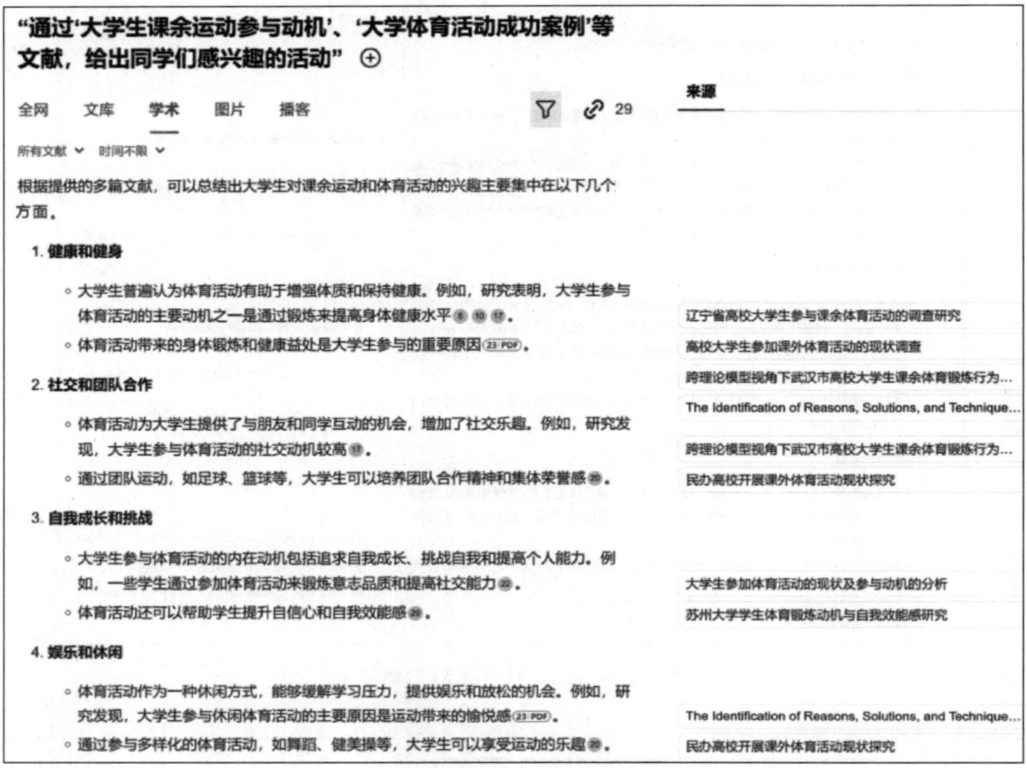

图 4-24　秘塔 AI 文献检索结果 3

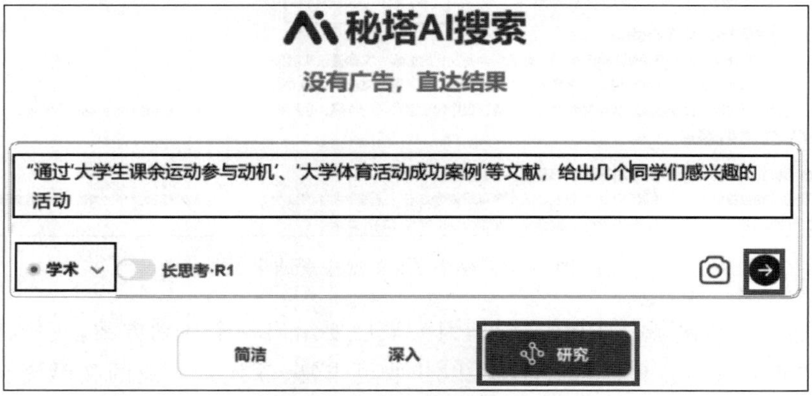

图 4-25　秘塔 AI 文献检索设置

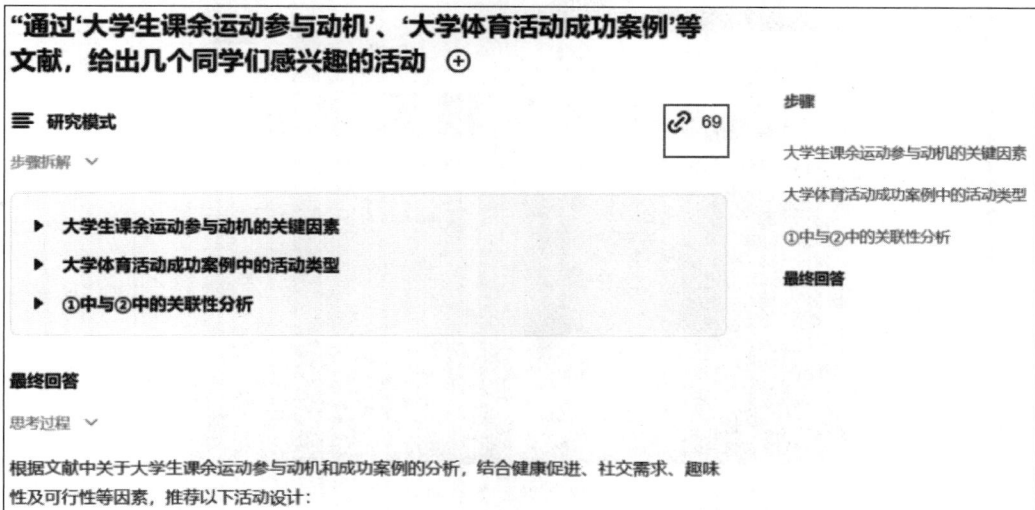

图 4-26　秘塔 AI 检索文献推荐活动方案

知 识 点

AI 搜索文献

一、文献及其主要类型

（一）学术文献

学术文献是记录知识的载体，具体地说，学术文献通过文字、符号、图像、音频等形式，将有价值的知识记录在物质载体上。从定义可以看出，学术文献具有 3 个基本属性，即知识性、记录性和物质载体性。

知识性决定了学术文献所记载内容的真实性和科学性，比如我们所使用的各种教材，记录并传达了不同学科的科学知识，是一种文献；而我们阅读的小说，从形式上来看也是一本书，但却不是文献，因为小说的内容都有虚构的成分。

记录性表现在文献来源的权威性，经过管理部门审核批准的知识载体，才能称为文献。比如我们以文档的形式在自媒体平台发布自己的研究结论，未经审核不能作为文献，而同样的内容经审核后发布在电子期刊上，则是文献。

（二）学术文献的类型

我们经常使用的学术文献有学术期刊、学位论文、会议文献、科技报告、图书（下略）等。

1. 学术期刊

（1）学术期刊。学术期刊是传播与交流各种科学文化知识及情报信息的主要手段之一，是一种受众面广且利用率很高的文献载体。图 4-27 所示为两本学术期刊。

图 4-27 两本学术期刊

学术期刊上刊登的文章称为学术论文,学术论文需满足特定的格式,其内容涉及某一学科,以原创研究、综述等形式为主。学术论文在发表前需经过同行评审,其作用不仅展示了研究领域的成果,并且有公示的效果。学术期刊有正式刊号,有明确的主办单位、主管部门和编辑部。

(2)学术期刊的质量等级。按期刊质量可将学术期刊划分为核心期刊和普通期刊,这是当下最常见的一种期刊划分方式。核心期刊是某学科的主要期刊,一般是指信息量大、质量高、能够代表专业学科发展水平、受到本学科读者重视的专业期刊。

根据评定机构的不同,国内有五大核心期刊(或来源期刊)遴选体系。北京大学图书馆评定的"中文核心期刊"(简称北大核心)、南京大学中国社会科学研究评价中心评定的"中文社会科学引文索引(CSSCI)来源期刊"(简称南大核心)、中国科学技术信息研究所评定的"中国科技论文统计源期刊"(简称中国科技核心)、中国科学院文献情报中心评定的"中国科学引文数据库(CSCD)来源期刊"、万方数据股份有限公司建设的"中国核心期刊遴选数据库(CSTPCD)"。

2. 学位论文

学位论文是高等学校、科研机构的毕业生为获得某学位所撰写的论文或研究报告。学位论文代表不同的学识水平,是重要的文献情报源之一,其中硕博论文质量较高,是具有一定独创性的科学研究著作,是收集和检索的重点。

3. 会议文献

学术会议为科研工作者提供了交流的机会,因此约三成的科技成果的首次公布是在科技会议上。会议文献是各类学术交流会议所发表的论文或报告。

会议文献的形式并不固定,有时作为特辑或者增刊发表在学会协会的期刊上;有时则出版在专门的会议集的期刊上。以期刊形式出版的会议录约占会议文献总数的一半。

4. 科技报告

科技报告(scientific and technical report)是关于科研项目或科研活动的正式报告或情

况记录,在科研活动的各个阶段由研究、设计单位或个人以书面形式向提供经费和自主的部门或组织汇报其研究设计或项目进展情况的报告。

科技报告的特点是内容多样化、内容新颖且专深具体、保密性和水平参差不齐,且形式独特,每篇科技报告都是独立的、特定专题、独自成册。

二、学术论文特征项

理解每一个检索项的含义和作用,能够让我们在检索时做出恰当的选择。要理解检索项,我们以发表在期刊上的学术论文为例,来了解学术文献提供了哪些检索信息。

学术论文在发表时,除了内容满足科学、新颖之外,也需要满足特定的格式要求。图 4-28所示为一篇典型的学术论文的第 1 页,提供的信息可分为篇章信息、作者信息和出版物信息。同时,作为网络资源的学术论文,还显示了论文的质量信息。

（一）篇章信息

篇章信息包含标题、摘要、关键字、正文等。

1. 标题

标题是文章的篇名,一般分中文篇名和英文篇名。

2. 摘要

摘要是简明、确切地记述文献重要内容的短文,短小精悍、紧扣主题。从论文摘要可获知论文内容,从而快速判断是否需要阅读整篇论文。

3. 关键字

关键字是指论文或文章内容的关键词,即对描述论文的中心内容或核心技术有实质意义的词汇,一般 3～8 个。通常是从论文的题名、摘要和正文中选取出来的,方便用户理解、查阅论文内容特征的词语,以供读者检索。

4. 正文

正文是论文的主体,一般由引言和正文论述两部分组成。

（二）作者信息

作者信息包括作者姓名和作者单位。当有多位作者时,排在第一位的称为第一作者。通讯作者是论文的总负责人,也是文章的联系人,在作者列表中会有标识,也可以通过通讯作者检索论文。

（三）出版物信息

出版社信息包括刊名、出版日期、卷号、期号、页码等。其中"卷号"是指论文所属的刊物从创刊年度开始按年度顺序逐年累加的编年序号,如图 4-28 所示中"第 28 卷",表示该刊已创办 28 年;"期号"是以每年的发行周期为单位的,比如月刊每年发行十二期,第一个月发行的即为第 1 期。图 4-28 显示"第 2 期",且出版时间为"3 月",可简单判断此刊为双月刊,每两个月发行一期。

图 4-28　学术论文首页信息划分

三、AI 检索文献

（一）秘塔 AI 搜索文献的优势

1. 精准理解需求

秘塔 AI 搜索借助先进的自然语言处理技术，能深入理解用户输入的关键词含义，精准匹配相关文献。即使关键词表述较为复杂或模糊，也能通过语义分析找到最符合需求的文献，避免传统搜索中因关键词匹配不准确而遗漏重要文献的问题。

2. 丰富的学术资源整合

秘塔 AI 搜索其学术搜索模式聚焦于期刊、论文等专业文献资源，整合了众多学术数据库和平台的内容。这使得用户能够获取到来自不同领域、不同研究角度的文献，拓宽研究视野，为解决问题提供多维度的思路。

例如，一位医学研究员正在寻找治疗某种罕见疾病的新方法。通过秘塔 AI 搜索，他快速找到了最新的研究成果的文献和临床试验报告。这些文献为他提供了宝贵的线索，最终帮助他发现了一种新的治疗方法，为患者带来了希望。

3. 便捷的文献管理功能

秘塔 AI 搜索不仅能提供文献检索服务，还具备文献导出、摘要预览等功能。用户可以方便地将文献保存为本地文件，便于离线阅读和整理；摘要预览功能则帮助用户快速判断文献的相关性,节省筛选文献的时间。

4．信息溯源与验证功能

在信息爆炸的时代,秘塔 AI 搜索的每个搜索结果都标明了来源和可信度,确保了搜索结果的准确性和可靠性,这对于科研人员来说至关重要。

（二）秘塔 AI 搜索文献的步骤

1．选择搜索模式

秘塔 AI 搜索有“简洁”“深入”“研究”三种模式。“简洁”模式信息源少,约 10 条,适合快速了解基本概念;“深入”模式信息源约 30 条,为默认模式,能提供较全面的信息;“研究”模式信息源丰富,可达 70 条左右甚至更多,会挖掘大量学术资源、专业文献等,适合深入研究,如撰写学术论文、开展专业课题研究时使用。本任务中搜索大学体育活动设计相关文献,由于需要深入探究,选择“研究”模式更合适。

2．设定搜索范围

秘塔 AI 搜索范围包括“全网”“文库”“学术”“图片”“播客”“我的”“工作流”等。若要搜索学术文献,应选择聚焦于期刊和论文“学术”范围,该范围能提供专业的学术资料;如果想查找文档中的文献,可选择“文库”,而“全网”范围广泛、包含各类资源,但筛选时可能花费更多时间。

3．优化检索关键词

秘塔 AI 关键词的选择直接影响搜索结果的质量。应选择能准确反映研究问题核心概念的词汇作为关键词,可尝试不同的关键词组合,如“大学生课余运动参与动机”可尝试“大学生课余体育活动参与动机”“影响大学生课余运动参与的因素”等表述;也可以添加限定词,如“近五年大学生课余运动参与动机研究”“国内高校大学体育活动成功案例”,从而更精准地定位文献,减少不相关结果。

4．执行搜索操作

在秘塔 AI 搜索主页的检索栏中输入优化后的关键词,单击检索按钮或直接 Enter 键,开始搜索。搜索过程中,秘塔 AI 会利用其先进的自然语言处理技术和算法,对关键词进行理解和分析,从相应的搜索范围内查找匹配的文献资源。

5．筛选文献结果

搜索完成后,会得到大量文献结果。首先浏览文献的标题、摘要和来源,初步判断文献与研究问题的相关性,对于明显不相关的文献,可直接排除;对于可能相关的文献,进一步查看全文内容,评估其是否能满足研究需求。

在本任务中,若文献主要讨论的是小学生体育活动,与大学生体育活动主题不符,则可忽略;如果文献详细阐述了某高校成功举办体育活动的具体策划和实施过程,就可重点关注。

用户还可以通过单击右上方的“筛选”图标,对检索结果按“文献范围”或“时间”进行筛选,如图 4-29 所示。

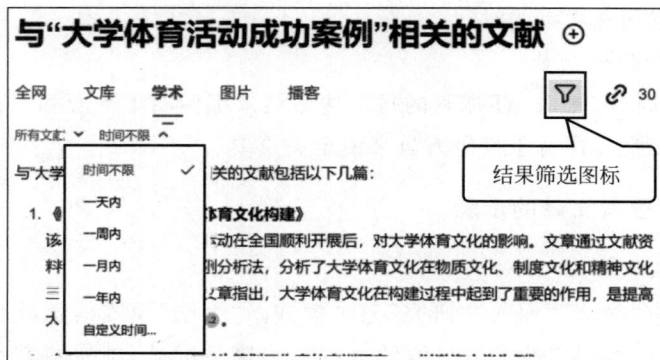

图 4-29　秘塔 AI 学术结果筛选的"时间选项"

其中"文献范围"分为"所有文献""中文库"和"英文库";而秘塔 AI 搜索支持灵活的时间筛选方式。用户可以选择固定的时间区间,如近"1 天""近一周""近一月"和"近一年"等,也可以手动输入起始和结束年份来定制个性化的"自定义"时间范围。

这种多样化的设置满足了不同用户对文献时效性的需求。比如,研究新兴技术发展的用户可能更关注最近一年的文献,以获取最新的研究进展;而进行历史研究的用户,则可能根据研究对象的时间跨度,选择特定的历史时期进行文献筛选。

6．保存与整理文献

对于筛选出的有价值文献,可利用秘塔 AI 搜索提供的阅读、保存或导出功能,将文献保存为 PDF、Word 等格式,方便后续阅读和引用。同时,建议创建专门的文件夹,按照文献主题、研究方向等进行分类整理,如"大学生课余运动动机研究文献""大学体育活动成功案例文献",以便于管理和查找,如图 4-30 所示。

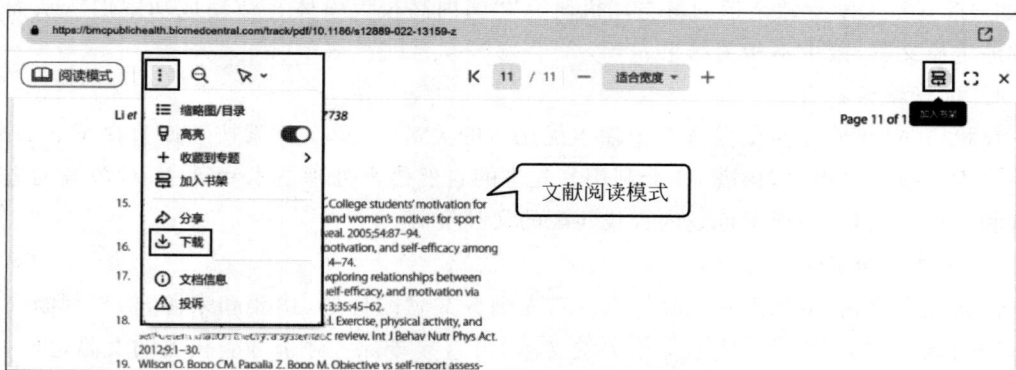

图 4-30　秘塔 AI 检索文献的阅读与保存

具体操作方法:检索结果展示后,浏览文献列表,找到需要导出的文献。找到文献条目后,通常会有 ⋮ ,在弹出的下拉菜单中选择"下载"图标,单击该选项,选择保存路径,如计算机桌面上的"学术文献"文件夹,单击"确定"即可完成导出 PDF,或者单击右上角的"加入书架"图标 ,将文献加入书架方便阅读。

7．多渠道验证与补充

通常情况下,为确保获取信息的全面性和准确性,学术文献不能仅依赖秘塔 AI 搜索的结果。用户可以结合其他学术搜索引擎,如中国知网、万方数据、Web of Science 等,以及图书馆资源进行补充检索;还可以参考相关领域的专业书籍、学术会议论文集等,对从秘塔AI搜索获取的文献进行验证和补充,避免遗漏重要信息。

📖 学以致用

使用秘塔 AI 搜索,查找有关“人工智能对未来职业影响”的学术论文,并记录其中的主要观点。

任务 4-4　搜索“高等数学”复习资料

文档搜索

✒️ 任务描述

金格是一名正在准备专升本考试的学生,其报考专业对“高等数学”要求较高。在复习过程中,他发现自己的高等数学知识不够系统,有些知识点理解得也不够深入,希望能参考“高等数学”的一些复习资料来完善自己的知识体系。同时,金格也想学习不同的笔记整理方法,以提高自己整理笔记的效率和质量。因此,他决定借助 AI 搜索工具查找专升本“高等数学”相关资料。

✏️ 任务实现

(1) 在浏览器打开“秘塔 AI 搜索”主页,考虑到金格需要全面且深入的数学笔记资料,将搜索模式设置为“研究”模式,该模式信息源丰富,可能广泛挖掘文库资料、专业文献等。

(2) 在检索栏中输入“《高等数学》复习资料”,搜索范围选择“全网”,这样可以整合各类网站、平台的信息,从而获取更全面的搜索结果,如图 4-31 所示。

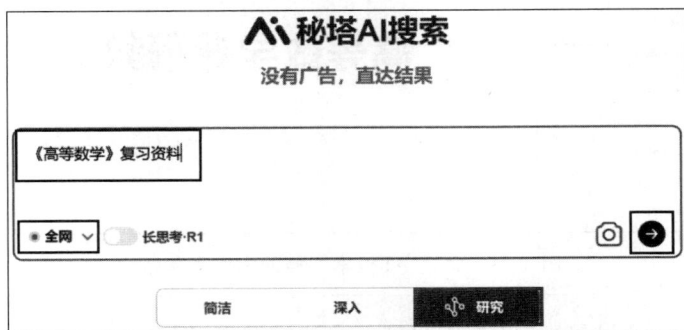

图 4-31　秘塔 AI 检索《高等数学》复习资料

(3) 单击 ➡ 检索按钮或者按 Enter 键,检索结果如图 4-32 所示。

(4) 预览文档内容。搜索完成后,在图 4-32 中秘塔 AI 搜索给出的“最终回答”的页面上,部分内容带有明显的红色 PDF 标识。选择感兴趣的内容,单击标识,可以直接以“阅读模式”查看相关文档内容,如图 4-33 所示。

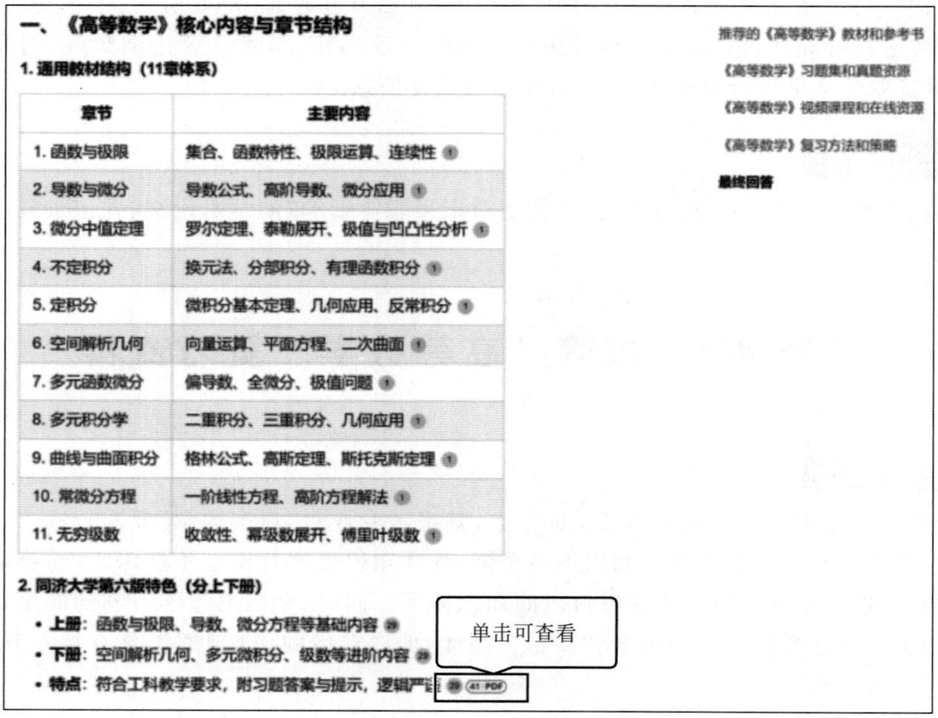

图 4-32　秘塔 AI 检索《高等数学》复习资料结果

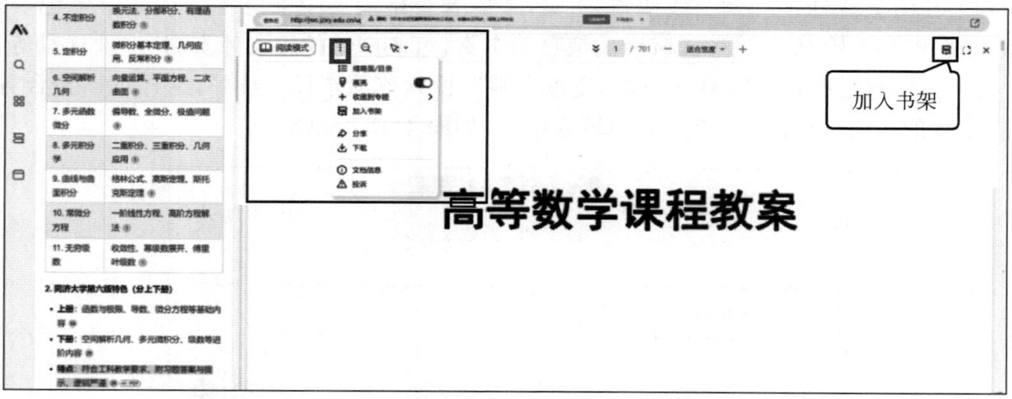

图 4-33　秘塔 AI 检索文档的浏览和保存

（5）保存文档。通过秘塔 AI 搜索得到了合适的文档，用户可以在阅读模式下单击屏幕左上方的级联图标，在弹出的下拉菜单中选择"下载"，对相关文档进行下载和保存，也可以单击屏幕右上方的"加入书架"图标，将文档保存于书架中。

（6）为了获取更精准的结果，可以尝试组合其他关键词，例如"专升本数学知识点笔记整理""数学高分笔记分享"等。在输入框中把问题描述为：请帮我查找关于"专升本数学知识点笔记整理""数学高分笔记分享"以及《高等数学》笔记等文档。同时搜索范围选择包含复习资料较多的"文库"、搜索方式选择默认的"深入"，如图 4-34 所示。

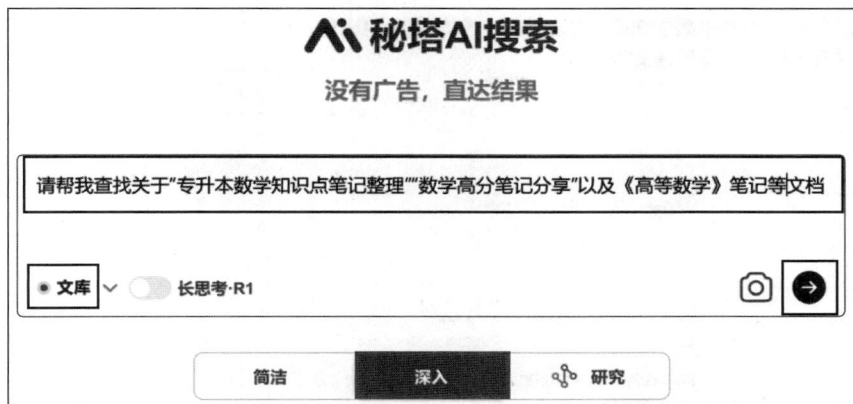

图 4-34 秘塔 AI 使用不同关键字和检索方式检索《高等数学》复习资料

（7）单击"检索"按钮 ➡ 或者按 Enter 键，检索结果如图 4-35 所示。

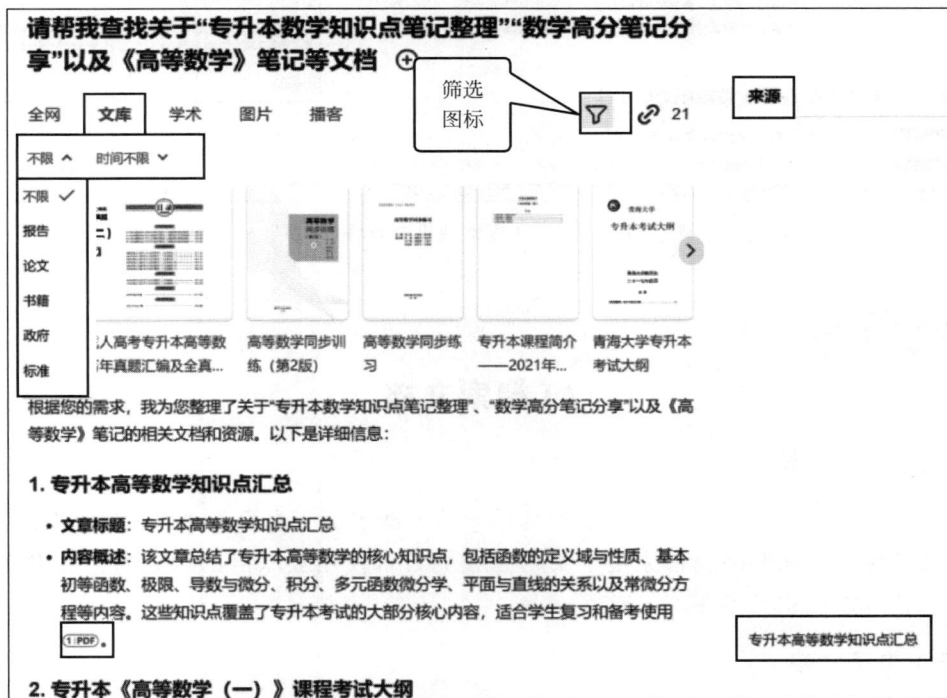

图 4-35 秘塔 AI 使用不同关键字和检索方式的检索结果

（8）预览文档内容。在检索结果页面如图 4-35 中，用户可以单击"筛选"图标对结果中的文档按"类别"和"时间"进行筛选。

（9）查看来源。在结果页面的右侧部分，有"来源"一列，用户可以单击选择感兴趣的内容，单击标识，可以直接阅读相关内容，如图 4-36 所示。

（10）资料的保存。用户可以按照步骤（5）对检索到的资料文档进行保存或者加入书架。

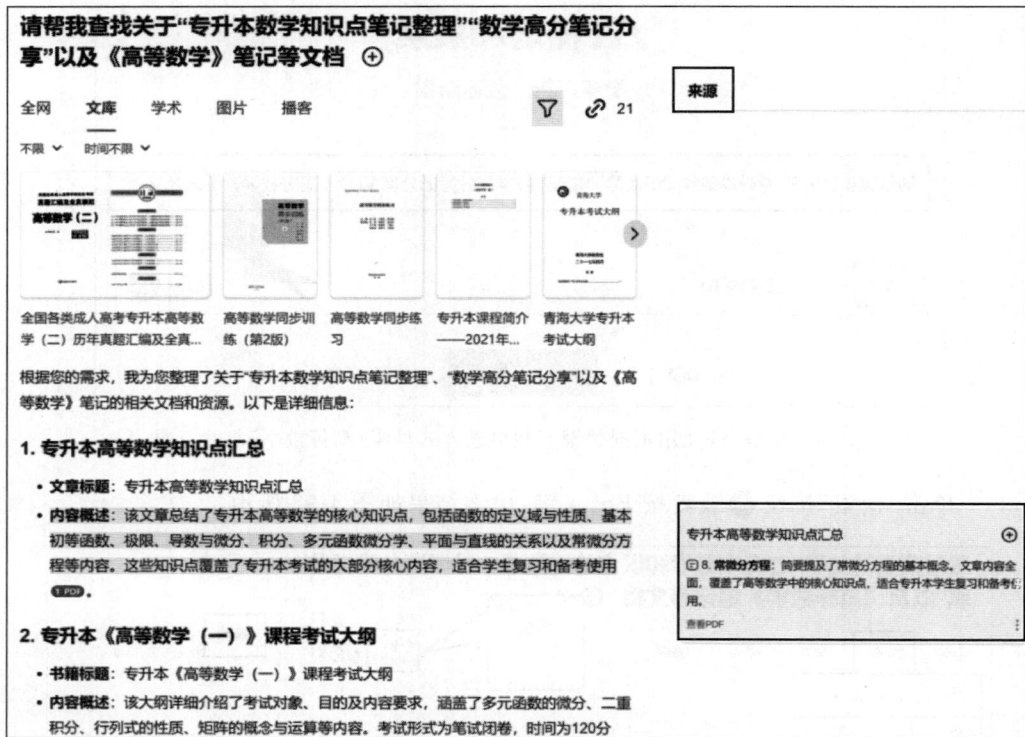

图 4-36　秘塔 AI 搜索结果中查看"来源"

知识点

AI 搜索文档

一、电子文档检索

在任务 4-4 中,我们使用 AI 搜索工具检索并下载了关于专升本"高等数学"复习资料的相关文档资源。在网络上检索电子文档是我们日常使用互联网的常见操作。下面将介绍电子文档检索的相关内容。

(一)电子文档

电子文档(Electronic Document)是指人们在社会生活中形成的、以计算机盘片、磁盘和光盘等介质为载体的文字材料,主要包括电子文书、电子信件、电子报表、电子图纸等形式。电子文档依赖计算机系统存取并可在网络上传输。

电子文档区别于传统纸质印刷品主要有容易修改、容易删除、容易复制、便于传播、容易保存等特点。

(二)电子文档特征项

图 4-37 是电子文档常规显示方式,从图中可知,电子文档包含以下几个方面的信息。

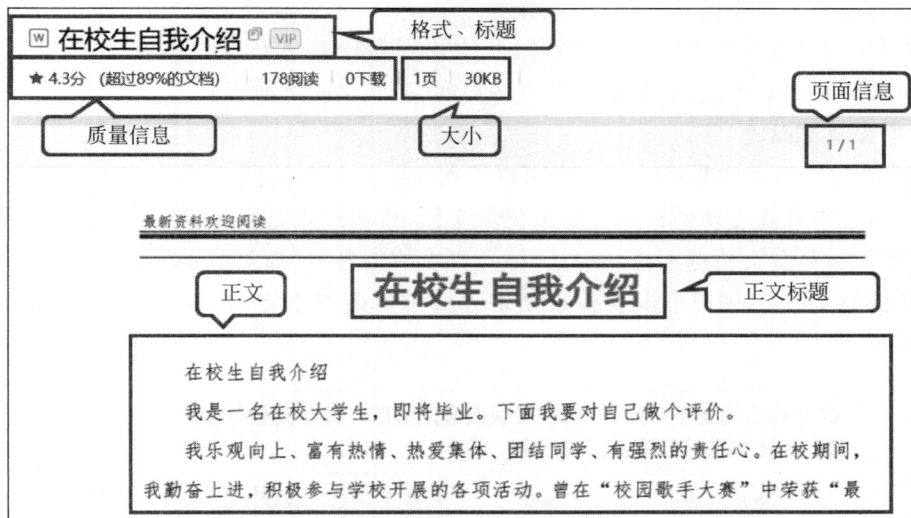

图 4-37　电子文档相关要素

1. 基本信息

文档的基本信息包括文档标题、简介、创建时间、格式和大小（页数和容量）。常见的电子文档格式有 doc、pdf、ppt、xls、txt 等类型。

2. 质量信息

文档的质量信息一般包含文档的分值、阅读量和下载量等信息，是文档的质量、专业性、用户喜爱性、影响力和活跃度的体现。

3. 类别信息

有些文档是收费的，有些文档是免费的。在各个平台对收费的文档会区分不同的权限，例如百度文库中除了免费文档外，收费文档还可以分为"VIP 专享""VIP 免费"。

二、AI 搜索文档

任务 4-4 中，金格通过借助 AI 搜索工具来查找专升本"高等数学"相关资料。在信息爆炸的时代，AI 搜索为获取电子文档带来极大便利。AI 搜索能帮助用户从海量电子文档中精准定位所需内容。

（一）AI 搜索文档的优势

1. 精准匹配需求

借助先进的自然语言处理技术，AI 搜索深入理解用户输入的关键词含义。例如，用户搜索专升本《高等数学》复习资料，即使关键词表述复杂，如"专升本高等数学极限和导数部分的复习重点及例题解析文档"，秘塔 AI 也能通过语义分析，精准匹配相关电子文档，避免传统中由于关键词匹配不准确而遗漏重要信息。

2. 整合丰富资源

AI 搜索整合了众多平台和数据库的电子文档资源。无论是学术平台的专业资料，还是文档分享网站的学习笔记，都能高效获取。

搜索专升本"高等数学"复习资料时，既能找到高校教师上传的教学课件，也能获取其他同学整理的复习心得文档，为用户提供多角度、多样化的学习资料。

3．高效筛选信息

AI搜索具备强大的筛选功能。它可以根据文档的基本信息、质量信息和类别信息进行筛选。若用户想查找近期创建的高质量免费文档，可通过设置时间范围，按照阅读量、下载量排序，并筛选免费文档选项，快速找到符合要求的专升本"高等数学"复习资料，节省筛选时间。在任务4-4中，用户可以在检索结果界面中单击右上方的"筛选"图标进行操作，如图4-38所示。

图 4-38　秘塔 AI 搜索文献筛选功能

具体来说，秘塔 AI 搜索文献可以对结果进行"类别"和"时间"筛选。其中"类别"又分为以下六种，如图4-35所示。

（1）不限：此选项会综合展示各类文档资源，涵盖报告、论文、书籍、政府文件、标准文件等多种类型。当用户对所需资料类型不明确，希望广泛浏览获取全面信息时适用。

（2）报告：筛选后仅呈现报告类文档，如市场调研报告、企业行业分析报告等。

（3）论文：检索结果聚焦于学术论文，涉及各学科领域的研究成果，包括实验研究论文、理论探讨论文等。对于学生、科研人员进行学术研究意义重大。例如，在准备撰写某学科毕业论文时，通过"论文"筛选，能获取大量前人研究成果，了解研究现状、借鉴研究方法，为自己的论文写作提供理论和数据支持。

（4）书籍：筛选出的是各类书籍相关内容，可能是整本书籍的电子版，也可能是书籍中的部分章节或片段。这对于想要查找专业书籍资料、阅读经典著作，或者获取书籍中特定知识点的用户很有帮助。

（5）政府：主要展示政府部门发布的文件、公告、政策法规等资料。这些文件具有权威性和指导性，对于关注政策动态、了解行业监管要求、研究地区发展规划的用户至关重要。

（6）标准：筛选出的是各类标准文件，如国家标准、行业标准、企业标准等。这些标准规定了产品、服务或技术的规范和要求,在质量控制、产品研发、市场准入等方面具有重要作用。例如,制造业企业在产品研发过程中,通过"标准"筛选,可获取相关产品的国家标准和行业标准,确保产品符合质量和技术规范,顺利进入市场。

秘塔 AI 搜索文献还可以按"时间"进行分类检索,具体划分如图 4-38 所示。

(二)AI 搜索文档的步骤

1. 明确检索目标

在使用 AI 搜索前,用户要清晰界定自己的需求。例如,如需撰写关于人工智能在教学研究领域应用的论文,就明确要查找该领域的研究报告、学术论文等资料。明确的目标能帮助精准选择检索关键词和筛选条件,避免在大量无关信息中耗费时间。

2. 设置搜索参数

打开 AI 搜索界面后,用户设置搜索范围。若想查找各类平台的文档,选择"全网";若仅在文档库中搜索,可选"文库"。接着选择"搜索"模式。

秘塔 AI 文库检索提供"简洁""深入""研究"三种模式。若只是快速了解基本概念,像初次接触某一课题,想知晓大致情况,"简洁"模式即可,它能提供概括性信息,信息源少,获取结果速度快;若需全面了解,如准备课程考试、撰写一般性报告,"深入"模式更合适,信息源较多,能提供更详细的内容;若进行学术研究、撰写深度报告,"研究"模式最佳,可挖掘大量学术资源和深度分析内容。

3. 输入恰当的检索关键词

关键词的选择直接影响 AI 搜索结果质量。选择准确反映需求核心的关键词,并且要多次尝试不同组合形式。例如,搜索经济学领域关于"数字经济对传统产业影响"的资料,可尝试"数字经济传统产业影响经济学论文""数字经济下传统产业变革研究报告"等多种关键词组合,以此从不同角度获取更全面、精准的检索结果。同时,可添加限定词进一步缩小范围,如"近五年数字经济对传统产业影响国内研究"。

任务 4-4 中,对于专升本"高等数学"复习资料,可输入"专升本高等数学复习资料""专升本高等数学知识点总结文档"等。

4. 合理选择筛选条件

输入关键词后,单击搜索按钮,秘塔 AI 开始搜索。搜索完成后,用户浏览搜索结果。可以先看标题和简介,初步判断文档相关性,排除明显无关的。

秘塔 AI 文库检索提供了丰富的筛选选项。根据需求选择"报告""论文""书籍"等六大类文档类型,若想获取专业研究成果,选"论文"而关注行业动态,则"报告"更合适。秘塔 AI 检索还支持按时间筛选,研究新兴技术时,选择近年来的资料获取最新信息;进行历史研究,则选择特定历史时期的资料。

5. 保存与整理文档

当用户筛选出有价值的文档后,秘塔 AI 支持对检索到的文档进行导出、加入书架等操作。对于有价值的文档,及时导出保存到本地,并按主题分类整理,如建立"专升本高等数学复习资料"文件夹,如图 4-39 所示,方便后续查阅和引用,也可以将常用文档加入书架,方便随时访问阅读。

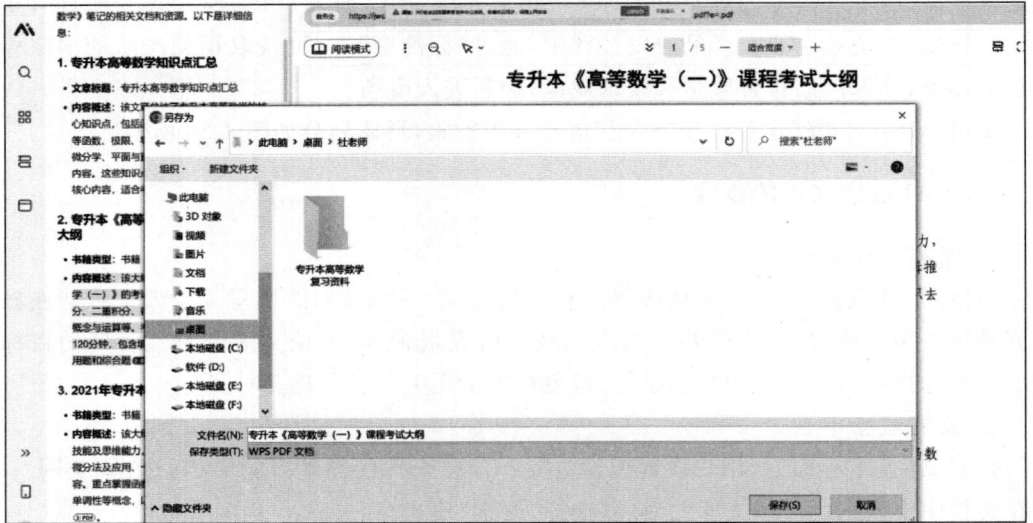

图 4-39　秘塔 AI 搜索文献的保存

学以致用

使用秘塔 AI 搜索,搜索大学英语四级考试中写作题的优秀文章。

模块 5 AI 辅助编程

任务 5-1 录入并运行 "五角星绘制" 程序

任务描述

本任务首先录入并运行五角星绘制程序,熟悉 Python IDLE 开发环境,然后修改代码中五角星的颜色,体验不同的绘制结果。

任务实现

(1) 启动 Python,打开 IDLE Shell 窗口,如图 5-1 所示;单击 "文件" → "新建文件",打开 IDLE 编辑窗口,如图 5-2 所示。在 IDLE 编辑窗口中输入五角星绘制程序源代码,如图 5-3 所示,输入时注意:①英文的拼写应准确;②除中文外,所有的英文和字符都应在英文状态下输入;③代码的缩进。

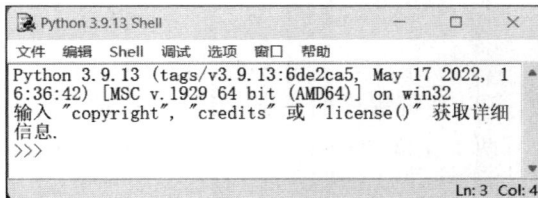

图 5-1 IDLE Shell 窗口

图 5-2 IDLE 编辑窗口

```python
import turtle

# 定义绘制函数
def draw_star(side_length):
    turtle.begin_fill()
    for i in range(5):
        turtle.forward(side_length)
        turtle.right(144)
    turtle.end_fill()

turtle.screensize(canvwidth = 600, canvheight = 600, bg = "white")  #设置绘制窗口
turtle.color("red")        # 设置线条颜色
turtle.fillcolor("green")  # 设置填充颜色
turtle.speed(3)
side_length = 300          # 设置五角星边长

start_x = - side_length / 2        #计算开始位置的横纵坐标
start_y = side_length / 3

turtle.penup()         #定位画笔
turtle.goto(start_x, start_y)
turtle.pendown()

draw_star(side_length) # 调用函数,绘制五角星
turtle.done()
```

图 5-3 五角星绘制程序源代码

（2）单击 IDLE 编辑窗口的"文件"→"保存"，以"五角星绘制"为名，将文件保存到合适的位置。

（3）单击"运行"→"运行模块"，观察程序运行结果，并描述该段代码的功能。

（4）将第 12 行代码中的 red 和第 13 行代码中的 green 更改为任意颜色的英文（注意拼写一定要正确），再次运行程序，观察运行结果，并猜测这两行代码的功能。

知 识 点

IDLE 开发环境与 AI 代码生成

设想一下，当你在学校图书馆自助借阅图书时，只需在触摸屏上输入书名或扫描条形码，系统就能自动检索书籍信息并完成借阅手续，这个操作的背后其实是有一个复杂的程序在运行。程序由一系列预设的指令构成，这些指令共同完成某些功能，比如图书管理程序由大量指令构成，共同完成查找、验证、记录等任务，实现图书借阅、管理功能。

从上面的描述中可以看出，程序包含指令集和功能两个要素。从编程角度，我们可以把指令集称为源代码，是程序员使用特定的语言编写的，比如我们在任务 5-1 中录入的代码就是五角星绘制程序的源代码。源代码就如同程序的指挥官，决定了程序的功能，源代码不同，程序的功能也不相同，比如我们修改了五角星绘制程序的源代码中表示颜色的单词，程序运行时则绘制了不同颜色的五角星。

IDLE
开发环境

一、IDLE 开发环境

IDLE 是 Python 自带的集成开发环境，可以进行程序的录入、运行和调试。IDLE 与 Python 同时安装，不需要单独安装。IDLE 有两个窗口，即 Shell 窗口和编辑窗口。

（一）Shell 窗口

启动 IDLE，默认打开的是 Shell 窗口，如图 5-1 所示。图中的符号">>>"是命令提示符，可以在其后面输入代码，输入完毕后按 Enter 键，即可执行该代码。例如，Shell 窗口命令提示符">>>"的后面输入"i=3"并按 Enter 键，表示将变量 i 赋值为 3，赋值行为发生在机器内部，不需要对外反馈，我们看起来没有任何变化；再输入"print(i)"，表示输出 i 的值，按 Enter 键后会在语句下方出现 3 这个数字，如图 5-4 所示。

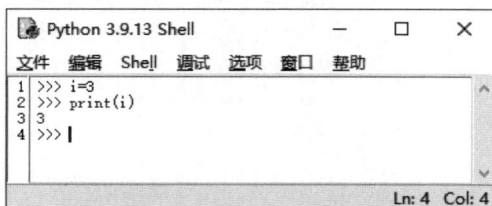

图 5-4　Shell 窗口输入和运行代码

（二）编辑窗口

编辑窗口以文件形式编辑程序，可以同时写入多行代码。在 Shell 窗口中单击"文件"→"新建文件"，打开编辑窗口，单击 F5 或单击窗口菜单栏的"运行"→"运行模块"，依次执行所有代码，并将结果显示在 Shell 窗口中，如图 5-5 所示。

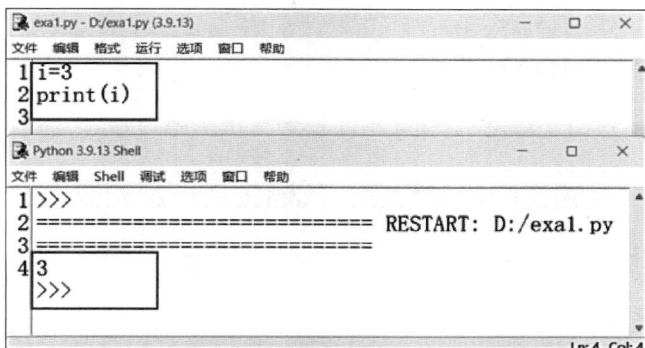

图 5-5　编辑窗口输入和运行代码

在编辑窗口，可以对 IDLE 开发环境进行设置。单击"选项"→"配置 IDLE"，打开"设置"窗口，"字体/标签"选项卡可以设置代码的字体、字号和缩进的空格数，如图 5-6 所示。"常规"选项卡可以设置启动时是否打开两个窗口，以及是否自动保存代码，如图 5-7 所示。

图 5-6　设置字体/标签

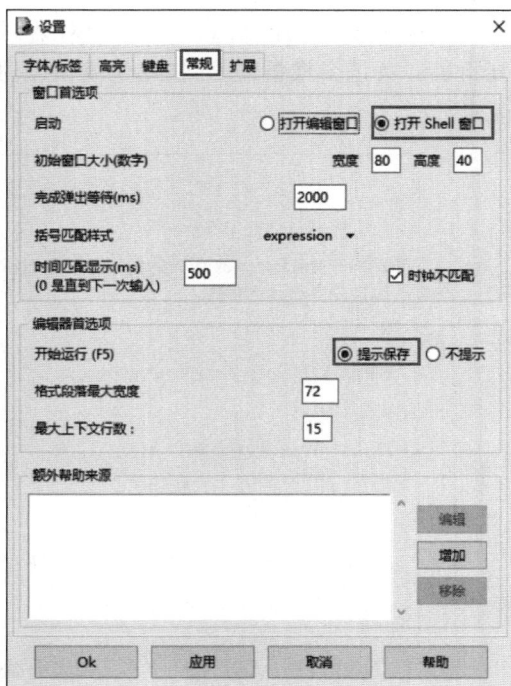

图 5-7　设置启动项

137

二、使用大模型生成的程序代码

模块2学习了大语言模型,并且练习了使用大语言模型生成文章和图片。大语言模型还可以根据需求,生成各种编程语言的代码。下面介绍使用豆包大模型生成 Python 代码,并且在 Python 的 IDLE 环境中运行代码,看看大模型生成的代码能否完成所需的功能。

(一)登录豆包并选择编程模式

在浏览器中打开豆包大模型,并单击"AI 编程",进入编程模式,如图5-8所示。

图 5-8　豆包大模型编程模式

(二)提出清晰的需求

想要让豆包大模型生成代码,首先要明确自己的需求。例如,我们想让豆包编写任务5-1中的五角星程序,可以在豆包的对话框中输入:请帮我写一个 Python 程序,用于绘制五角星。豆包会根据需求,快速生成相应的代码,并且对代码的功能进行了详细解释,如图5-9所示。

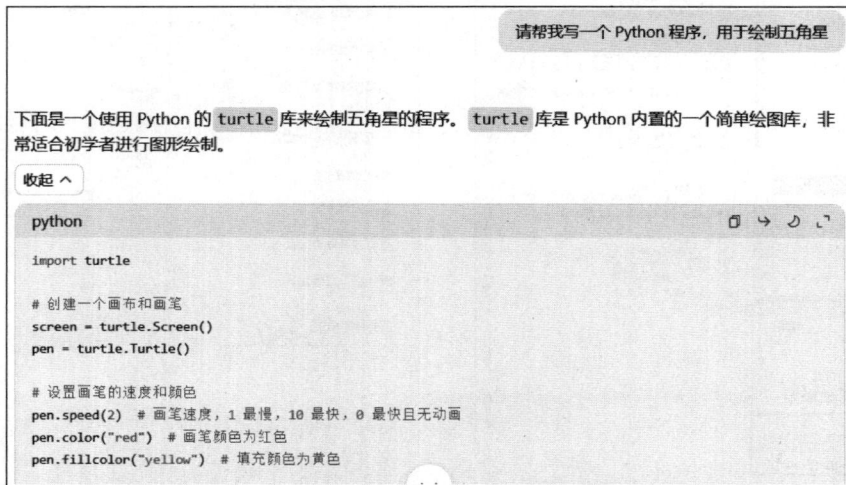

图 5-9　豆包大模型根据需求生成的代码

138

（三）复制并运行代码

单击图 5-9 中的"复制"图标，复制代码；然后启动 Python IDLE 开发环境，新建文件，在编辑窗口单击"粘贴"，将程序代码粘贴到 Python 文件中，然后保存文件并运行，结果如图 5-10 所示。可以看出，此程序生成的五角星为红色边线、黄色填充，不同的大模型生成的代码可能不同，但是都能实现五角星绘制的功能。

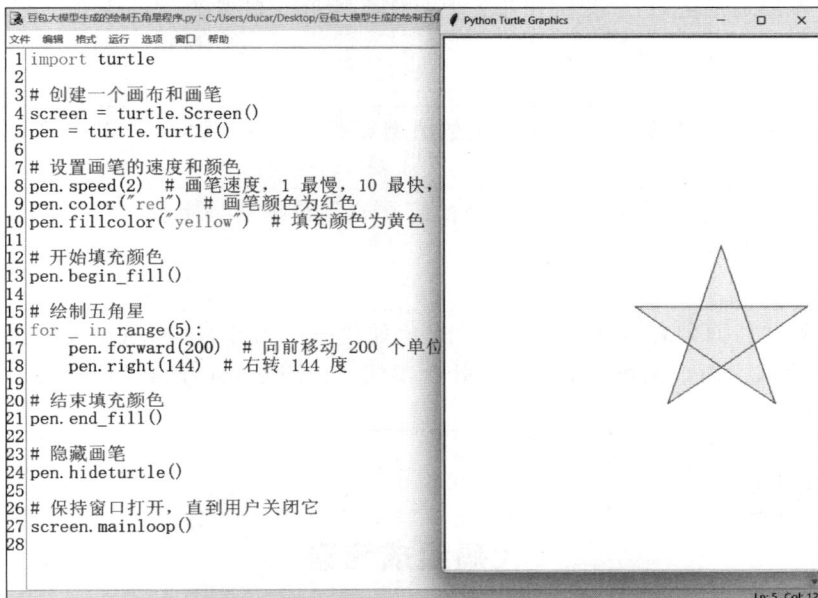

图 5-10　豆包生成的五角星程序及运行结果

任务 5-2　识别"五角星绘制"
程序中的代码元素

任务描述

本任务观察任务 5-1 中"五角星绘制程序"的源代码，通过回答 8 个小问题，了解缩进、变量、函数、数据等代码组成元素。

任务实现

（1）观察五角星绘制程序的源代码，可以看出，代码是一行一行的，而不是向我们平时的自然段那样连成一片，这样的一行代码称为一条语句，请写下任意一条语句。

_____

（2）第 5~9 行相对于第 4 行有缩进，可以猜测第 5~9 行与第 4 行的关系是_____（从属/并列）。第 7~8 行代码相对于第_____行有缩进。

139

(3) 从形式上看,代码中包含中文、英文、数字和特殊符号。"#"后面的一串文字是注释,注释是对一段代码或者一条语句的功能进行解释。上面的代码有_____个注释,注释对程序的运行结果_____(有/无)影响。

(4) 各种运算符:顾名思义是表示运算的符号,比如第 15 行代码中的"="表示赋值,第 17 行和第 18 行代码中的"/"表示_____(加法/减法/乘法/除法)运算。

(5) 变量:由字母、数字或符号组成的一个字符串,例如代码中的 start_x、start_y、side_length 等都是变量,三个变量在命名上有什么特点? 根据变量名猜测一下这三个变量分别代表什么?

_____

(6) 数值型数据:代码中的数字就是数值型数据,请写下至少 3 个数值型数据。

_____

(7) 字符串型数据:代码中用双引号括起来的字符串就是字符串型数据,请写下至少 3 个字符串型数据。

_____

(8) 函数:"后面带有()"的一个字符串,比如代码中第 5 行的 begin_fill()、第 21 行的 goto()都是函数,这两个函数在形式上有什么不同? 猜测 goto()函数的作用。

_____

知 识 点

代码组成元素

一、Python 代码组成元素

观察图 5-3 中的代码,大家目前能够识别的内容,包括:①英文单词,如 for、import;②数字,如 144、300;③杂乱的字符串,如 bg、center_x;④特殊符号,如()、.、=。下面从代码组成元素的角度,来看这些字符串、数字、特殊符号的规范名称。

(一) 语句元素

语句元素关注代码的执行逻辑和流程,包括语句和语句块等。

1. 语句

一行代码称为一条语句,图 5-3 中第 1、11、12 行等都是语句。

2. 语句块

语句块是多条语句,语句块中的每条语句有相同的缩进量。图 5-3 中第 7、8 行是一个语句块,第 5~9 行也是一个语句块。

(二) 格式元素

格式元素体现了 Python 代码的书写规范,有助于提高代码的可读性和可维护性。

1. 缩进

缩进表示代码间的从属关系。顶层并列关系的语句顶格写,不缩进。图 5-3 中,第 1、

4、11 行等都是顶格书写,表示它们之间是并列关系,程序执行时互不影响,依次执行。

第 7、8 行是并列关系,它们相对于第 6 行缩进了 4 个空格,表示第 7、8 行从属于第 6 行,也就是只有当第 6 行执行时,第 7、8 行才会被依次执行。第 5～9 行相对于第 4 行缩进了 4 个空格,表示它们从属于第 4 行。

2. 空格

从图 5-3 中可以看到,代码中"="两边的空隙比较大,如第 17、18 行,这是因为输入代码时在"="两边添加了空格。Python 中在"="两边、","后面、运算符的两边添加空格,以提高代码的可读性。

如果不添加空格也可以,不影响代码的运行结果。

3. 空行

不同功能的语句之间加入空行进行分隔,以提高代码的可读性和可维护性。图 5-3 中,第 11～15 行是设置五角星的颜色和边长,第 17、18 行是计算绘制起始点,二者之间加入了一个空行(第 10 行),用于分隔。

4. 注释

注释是程序中的辅助性文字,用于解释说明代码的功能,注释的内容不会被执行。单行注释以 ♯ 开头,多行注释使用三个单引号"'''"作为开头和结束符号。图 5-3 中以"♯"开头的红色字符都是单行注释。

(三)语法元素

语法元素是 Python 语言的核心组成部分,展示了 Python 的语法规则。

1. 保留字

保留字也称关键字,是被 Python 语言内部定义并保留使用的字符串,图 5-3 中橘色字符,如 import、def、for、in 等都是保留字。

2. 数据

(1)数值型数据。数值型数据即代码中的数字,主要用于数学运算,如图 5-3 中的 300、144 等。数值型数据又分为整型数据(整数)和浮点型数据(带小数点的实数),如 3.14。

(2)字符串型数据。字符串型数据是用单引号或双引号括起来的一个字符串,用来表示文本信息,如图 5-3 中表示颜色的单词 red、green 等都是字符串型数据。

3. 变量

变量在形式上表现为一个字符串(变量名),实际上它代表了一个数据(变量值),通常使用"="为变量赋值。图 5-3 中第 15 行 side_length=300,side_length 是变量名,300 是一个整数,这条语句执行后,变量 side_length 就代表了整数 300。

前面刚学习过,程序中的数据分为数值型数据和字符串型数据,数值型数据又分为整型数据和浮点型数据。一个变量被赋值后,变量值的数据类型就是该变量的数据类型,比如上面的变量 side_length 的数据类型是整型。变量名、变量值、变量的数据类型是一个变量的三要素。

变量名由字母、数字和特殊符号组成,最好是能直观地表现变量在程序中的含义或作用,通常由表示变量含义的多个英文单词加下画线"_"组成。例如,图 5-3 中变量 side_length 表示五角星的边长,变量 start_x、start_y 分别表示绘制起点的横纵坐标。

在代码中除了恰当地为变量命名之外,我们要特别关注变量的数据类型,因为变量的数据类型与其能进行的运算必须一致。例如,表达式 num1 * num2 表示计算两个变量的乘积,变量 num1 和 num2 的数据类型可以是整型,也可以是浮点型,但不能是字符串型,否则会引发类型错误。再如,表达式 num1 % num2 表示计算 num1 除以 num2 的余数,这时变量 num1 和 num2 的数据类型只能是整型,若为其他类型,也会导致运算错误。

4. 函数

函数在形式上表现为"后面带有()"的一个字符串(函数名),实际上它代表了一个特定的功能(函数的功能)。从图 5-3 中可以看到,有的函数的括号内有内容,如第 11 行的 screensize(canvwidth=600)函数,有的函数括号内没有内容,如第 9 行的 end_fill()函数,括号内的内容称为函数的参数。

和变量名类似,函数名通常也代表了函数的功能,通过函数名可以直观地看出函数的功能。比如图 5-3 中第 12 行函数 color("red"),其功能是设置画笔颜色,第 20 行和第 22 行的函数 penup()和 pendown(),分别表示抬起画笔和放下画笔。

在编程时,函数是非常重要的,可以说编程实际上是使用恰当的函数来实现程序的功能。五角星绘制程序中有效语句仅 19 条,却用到了 14 个函数。这些函数是哪里来的呢?函数的来源有三个:①是程序员根据程序的功能而编写的自定义函数,比如图 5-3 中第 4~9 行代码,使用保留字 def 定义了绘制函数 draw_star();②是 Python 语言提供的内置函数,由 Python 语言提前编写好的,程序员在编程时可以直接使用;③是各种库函数,由 Python 语言、程序大咖、科研机构等提供,涵盖了众多领域。读者一定很奇怪,为什么图 5-3 中的函数,除了 draw_star(),函数名的前面都有 turtle. 呢?就是因为这些函数都属于 turtle 库,是一个绘制图形的库,提供了很多用于绘图的函数。

二、AI 编码的特点

1. 代码形式特点

(1) 变量命名规范。变量名常用小写字母+下画线,如 user_age、data_list 等,符合 Python 官方规范。代码中无实际意义的临时变量,常用 temp。

(2) 多用 def 函数。我们可以发现 AI 生成的代码中有很多的 def,AI 使用 def 函数组织代码,即使是很简单的程序,也会把代码拆成多个 def 函数。

(3) 多用 import 库函数。经常直接调用现有的库,代码开头常有很多 import。

(4) 代码结构明显。观察前面用 AI 生成的两段代码,可以看出代码的结构如下:

```
import 各个库
def 定义函数
…
主程序调用 if __name__ == "__main__":'
```

(5) 有详细的注释。可以看到代码中有很多"#"和""""'",对函数和关键语句进行注释。

2. 代码存在的不足

(1) 缺少代码逻辑的解释。虽然 AI 生成的代码中有很多注释,但都是对个体函数功能和单语句的注释,而缺少对代码整体上实现逻辑的解释,对后续修改造成困扰。

（2）缺少容错机制。很少看到 try…except 异常处理语句，导致代码在运行时很容易出错。

（3）存在硬编码常数。代码里常有固定的数值或路径，这种做法不利于程序的灵活，且很容易出错。

任务 5-3　使用窗体式交互绘制五角星

任务描述

任务 5-1 中使用程序绘制了线条色为红色、填充色为绿色、边长为 300 像素的五角星，并通过修改代码中表示颜色的单词，改变了五角星的颜色。实际上，我们熟悉的是通过鼠标单击来设置的五角星颜色和边长，而不需要修改程序源代码。

本任务首先运行"窗体式交互五角星绘制"程序，体验窗体式交互的特点，然后回答问题，了解窗体中有哪些交互控件，并尝试通过大模型生成窗体式交互程序。

任务实现

（1）在 Shell 窗口中打开素材文件"窗体式交互五角星绘制.py"，运行程序，选择线条颜色和填充颜色，输入边长，单击"绘制"，在右侧画布中根据给定的颜色和边长，绘制一个五角星，如图 5-11 所示。

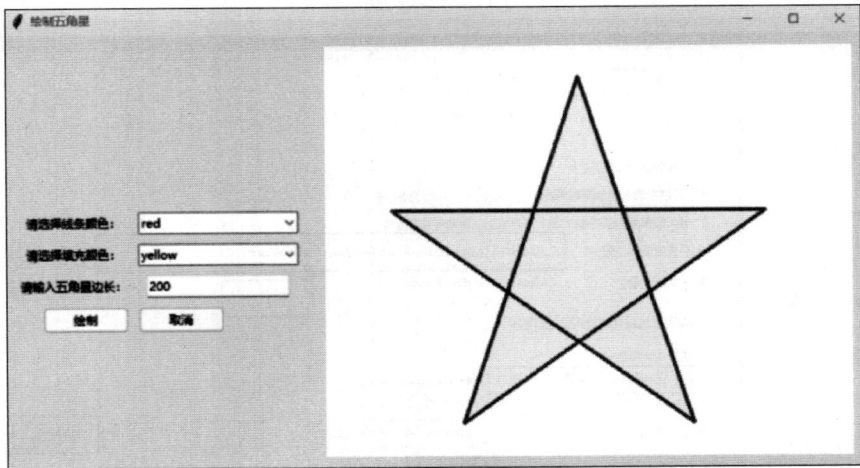

图 5-11　窗体式交互绘制五角星的运行效果

（2）图形用户界面上的控件有按钮、文本框、菜单、工具栏等，图 5-11 中包含的控件分别是_____、_____、_____、_____。

（3）在豆包大模型的编程模式下，输入提示词"请帮我写一个 Python 程序，用于绘制五角星，采用窗体式交互方式"，豆包生成的程序运行效果如图 5-12 所示，请你说出该程序的不足，改进提示词再次生成代码。

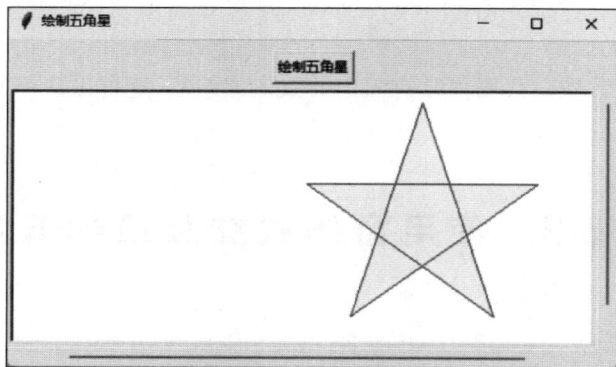

图 5-12　大模型生成的窗体式交互程序效果

程序的不足：_____。

改进的提示词：_____。

知　识　点

窗体中的控件与窗体程序生成

一、窗体中的控件

以 Windows 操作系统的对话框为例见图 5-13，来学习窗体中的一些控件。

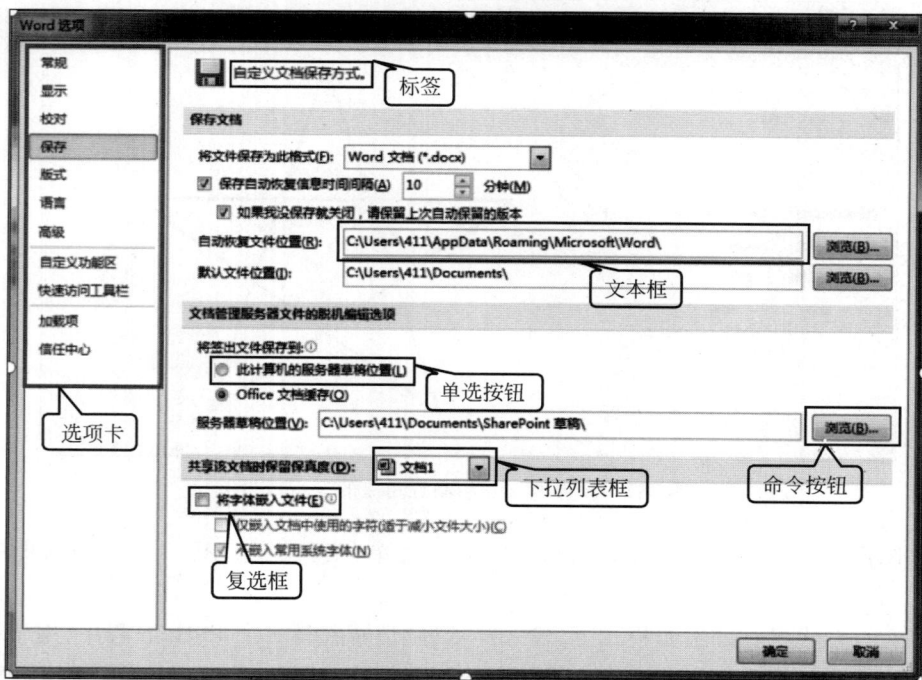

图 5-13　Windows 对话框中的控件

（1）选项卡：当对话框的内容较多时，为避免将对话框做得很大，采用选项卡的形式进行分页显示，将内容归类到不同选项卡中，以方便用户进行操作。

（2）文本框：对话框中的一个矩形方框，用于在其中输入字符、文本。

（3）命令按钮：单击该按钮后可执行相应操作，常见的如"确定""取消"等。有时我们会发现某个按钮呈灰色，单击后没有任何反应，即无效按钮。这是因为执行该按钮的条件尚未满足，不能执行该按钮的功能。

（4）下拉列表框：以列表形式显示选项的方框，通过单击向下三角按钮 ▼ 显示并选择选项。

（5）单选按钮：通常由多个单选按钮组成一组，只能在多个选项中选择一个命令使之生效。其特点是当选项被选中时，选项前的小圆圈中出现一个小黑点。

（6）复选框：当选项被选中时，选项前的小方块中出现一个"√"。

（7）按钮：可单击执行特定操作，如确定、取消、提交等功能。

（8）标签：用于显示提示信息、说明文字等，不具备交互性，只是传达信息。

（9）列表框：显示多个选项列表，用户可选择一个或多个选项。

（10）单选按钮：成组出现，用户只能从一组中选择一个选项。

（11）复选框：用户可自由选择多个选项，每个选项相互独立。

（12）滑块：通过拖动滑块来调整数值，如调节音量、亮度等。

（13）进度条：显示任务的完成进度，让用户了解执行状态。

（14）滚动条：当内容超出显示区域时，用于滚动查看内容，有水平和垂直两种。

（15）菜单：包含多个菜单项，可组织各种功能选项，如文件、编辑、视图菜单等。

（16）工具栏：放置常用功能按钮，方便用户快速访问。

二、使用大模型生成窗体式程序

在任务 5-3 中我们发现，使用大模型生成的窗体式程序有很大不足，比如图 5-12 所示的交互界面，界面中只有一个"绘制五角星"按钮，而没有五角星的颜色、边长等设置，根本起不到交互的作用。下面进一步完善提示词。

（一）描述交互的具体信息

我们尝试在提示词中写清楚线条颜色、填充颜色和边长需要由用户输入，修改后的提示词如下：请帮我写一个 Python 程序，用于绘制五角星，窗体式交互，可以设置五角星的线条颜色、填充颜色和边长。此时大模型生成的程序运行效果如图 5-14 所示。

在这个界面中，可以通过颜色选择器选择线条颜色和填充颜色，通过文本框设定边长，实现了交互控制功能，但是可以看出，这个界面不够美观，控件排列不整齐。

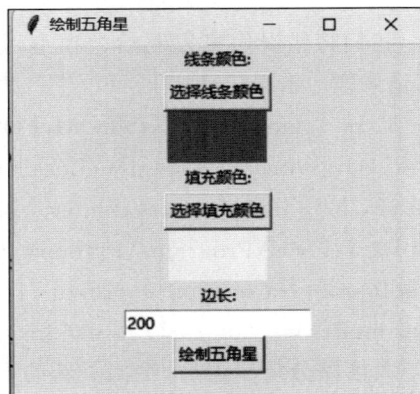

图 5-14　具有交互功能的程序界面

145

(二) 设定身份美化界面

继续修改提示词,我们将大模型设定为具有丰富经验的产品经理,让 AI 根据产品经理的经验来优化代码,提示词如下:上面的代码界面不够美观,假设你是大型企业的资深产品经理,你的目标是设计五角星绘制程序,采用窗体式交互,可以选择五角星的线条颜色、填充颜色和边长,请帮我优化上面的代码。

将大模型生成的代码运行后,出现了如图 5-15 所示的错误信息。

```
Python 3.9.13 Shell
文件 编辑 Shell 调试 选项 窗口 帮助
Python 3.9.13 (tags/v3.9.13:6de2ca5, May 17 2022, 16:36:42) [MSC v.1929 64 bit (
AMD64)] on win32
输入 "copyright", "credits" 或 "license()" 获取详细信息.
>>>
============= RESTART: C:/Users/ducar/Desktop/豆包大模型生成的绘制五角星程序.py
=============
>>>
============== RESTART: C:/Users/ducar/Desktop/大模型生成的窗体式程序1.py ======
========
>>>
============== RESTART: C:/Users/ducar/Desktop/大模型生成的窗体式程序2.py ======
========
>>>
============== RESTART: C:/Users/ducar/Desktop/大模型生成的窗体式程序3.py ======
========
>>>
============== RESTART: C:/Users/ducar/Desktop/大模型生成的窗体式程序4.py ======
========
Traceback (most recent call last):
  File "C:/Users/ducar/Desktop/大模型生成的窗体式程序4.py", line 8, in <module>
    CUSTOM_FONT = font.Font(family="Helvetica", size=12)
  File "C:\Users\ducar\AppData\Local\Programs\Python\Python39\lib\tkinter\font.p
y", line 72, in __init__
    root = tkinter._get_default_root('use font')
  File "C:\Users\ducar\AppData\Local\Programs\Python\Python39\lib\tkinter\__init
__.py", line 297, in _get_default_root
    raise RuntimeError(f"Too early to {what}: no default root window")
RuntimeError: Too early to use font: no default root window
>>> |
```

图 5-15 大模型生成的代码出现运行错误

(三) 大模型解决程序错误

我们将错误信息复制给大模型,让其解决这个问题。提示词如下:程序运行时出现错误,请修改。错误信息如下:File "C:/Users/ducar/Desktop/大模型生成的窗体式程序 4. py", line 8, in <module> CUSTOM_FONT=font. Font(family="Helvetica", size=12) File "C:\Users\ ducar\AppData\Local\Programs\Python\Python39\lib\tkinter\font. py", line 72, in __init__ root=tkinter. _get_default_root('use font') File "C:\Users\ducar\AppData\Local\Programs\Python\ Python39\lib\tkinter__init__. py", line 297, in _get_default_root raise RuntimeError(f" Too early to {what}: no default root window") RuntimeError: Too early to use font: no default root window。

大模型分析错误后,给出了新的程序代码,运行后的效果如图 5-16 所示。可以发现,界面上的控件排列整齐,而且实现了颜色和边长的交互,基本满足需求。但是在窗口中绘制五角星时,五角星并没有在画布中间,有兴趣的读者可以进一步完善。

需要说明的是,使用不同的大模型,或者是不同人、不同时间使用大模型,大模型回复的结果不一定相同,读者可根据提示词完善的方式,进行有针对性的实践。

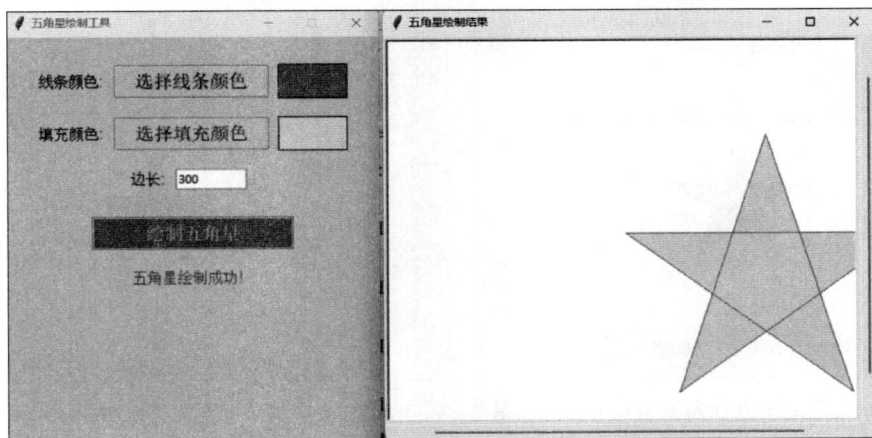

图 5-16　大模型生成的窗体式交互绘制五角星程序效果

任务 5-4　体验命令行交互的"五角星绘制"程序

任务描述

在任务 5-3 中我们体会到,与大模型交流图形界面时比较烦琐,而且得到的代码很长,根本看不懂。本次任务我们体验命令行交互的特点,并通过观察代码和回答问题,弄清楚交互是如何实现的。

任务实现

(1) 在 Shell 窗口中打开素材文件"命令行式交互五角星绘制.py",运行程序,按照提示输入线条颜色、填充颜色和边长,在画布窗口中绘制一个五角星,如图 5-17 所示。

(2) "命令行式交互五角星绘制"程序中有三条 input()语句,哪条语句提示用户输入线条颜色?假设用户输入的是 red,那么 red 保存在哪个变量中?

_____

(3) 上述程序要求用户必须正确地输入颜色的英文单词,一旦输入错误,程序将出现运行错误,这种交互方式增加了用户使用此程序的难度。我们将其改为命令行(菜单)式交互。在 Shell 窗口打开"命令行(菜单)式交互五角星绘制.py",运行程序,选择颜色编号并输入五角星边长,绘制五角星,效果如图 5-18 所示。

(4) 观察源代码和运行结果,运行时显示的颜色菜单是哪条语句的结果?

1-red　　　2-black　　　3-green　4-blue　　　5-purple　　　6-yellow

_____

(5) 第 11 行代码中,print()函数有几个参数?参数的类型是什么?

图 5-17　命令行式交互绘制五角星的运行效果　　图 5-18　菜单式交互五角星绘制程序的运行效果

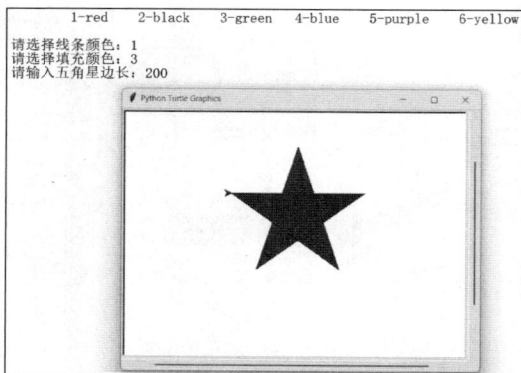

知 识 点

命令行交互使用的函数

在任务 5-4 中,我们通过命令行交互,设置五角星的颜色和边长。观察两段程序代码,这两段代码都比较短,重要的语句是 input() 和 print() 函数。在任务 5-2 中,我们知道函数是基本的代码元素,下面详细学习函数,包含函数的形式和代码中常见的错误。

一、函数

函数是具有一定功能的代码段,通过函数名可以直接使用函数的功能。要想正确地使用函数,除了函数的功能,我们还必须关注函数的参数和返回值。

(一)参数和返回值的含义

函数的参数是指为了使函数能够正常工作,在调用函数时必须提供的数据。返回值则是指函数处理完给定的数据后,返回给调用者的处理结果。例如,某学校提供找人服务,能够在指定班级内查找特定成绩的学生姓名,那么在使用这项找人服务时,需要告知学校在哪个班级内查找,查找的具体分数是多少。学校经过查找后,将找到的学生姓名反馈给查找者。如果将找人服务看成函数,查找前告知的班级和分数就是函数的参数,而查找后反馈的学生姓名,就是函数的返回值。

根据函数的功能,函数可以没有参数,也可以没有返回值。例如,"闭眼休息一分钟"这个动作,任何人都能够完成,而且动作完成后,也没有产生任何结果。如果将"闭眼休息一分钟"看作一个函数,就是一个没有参数也没有返回值的函数。

五角星绘制程序中的 penup() 函数,其功能是抬起画笔,调用函数时不需要告诉函数怎么抬、抬什么等信息,所以没有参数;函数 goto(x,y) 的功能是移动画笔到某个位置,需要告诉目标位置的横坐标和纵坐标,所以有两个参数;移动后不需要反馈信息,只移动到目标位置就可以了,所以没有返回值。

（二）调用函数

在代码中使用函数的功能称为调用函数，调用函数时，写上函数名，并向函数传递参数。对于没有返回值的函数，不需要返回任何信息，函数作为一条单独的语句，如图 5-3 中第 13、14、15、24、25 行等。

对于有返回值的函数，调用函数的实质是获得了返回值，此时可以将函数作为一个数据看待，函数可以出现在任何该类型数据可以出现的位置，例如可以作为其他函数的参数、可以作为一个操作数参与运算，也可以直接赋值给变量，这时函数是整条语句的一部分。

（三）函数使用实例

上面的讨论中我们着重理解了参数和返回值的含义，以及调用函数的形式，下面以 round() 函数为例，学习在代码中如何使用函数。

1. round() 函数使用说明

我们已经学习过，Python 中函数的来源有内置函数和库函数，不论来源哪里，在技术文档中都会详细说明函数的语法格式、功能以及各参数的含义。以下是菜鸟教程中对 round() 函数的说明。

功能：返回浮点数 x 的四舍五入值。

语法：round(x, n=0)

参数：x：要四舍五入的数，浮点型。

n：小数点位数，整型。

返回值：四舍五入后的值，浮点型或整型。

2. 参数和返回值

从说明中可以看出，round() 函数有两个参数。参数 x 是浮点型，表示要进行四舍五入的数；参数 n 是整型，表示保留的小数位数。参数 n=0，这种有赋值的参数，表示该参数可以有也可以没有，如果没有参数 n，默认取值为 0，表示保留 0 位小数，即取整。

round() 函数的返回值是四舍五入后的值，如果参数 n 不为 0，那么返回值的数据类型是浮点型；如果没有参数 n，返回值的数据类型是整型。

3. round() 函数的调用

在代码中写下 round() 函数名，并设置参数 x 和 n 的值，就能得到四舍五入的值。需要注意的是，round() 函数是一个有返回值的函数，round() 函数本身代表了一个浮点数或者整数。图 5-19 展示了调用 round() 函数的三种情形。

```
1 #有两个参数，返回值是3.1，返回值赋值给变量num1
2 num1 = round(3.1415, 1)
3
4 #有两个参数，返回值是198.46，返回值作为操作数参与运算
5 num2 = round(198.456873, 2) * 200
6
7 #有一个参数，返回值是16，返回值作为print()函数的参数
8 print(round(15.678))
9
```

图 5-19　调用 round() 函数的三种情形

4. 函数调用时的常见错误

在代码中调用函数时,常见有参数个数不符、参数的数据类型不符、未保存或使用返回值、返回值的数据类型不符四种错误。

(1)参数个数不符。

这个很好理解,round()函数中参数 x 是必需的,参数 n 是可选的,那么 round()函数有 1 个或者 2 个参数都可以,如果有 0 个或多余 2 个参数,就会发生运行错误,如图 5-20 所示。

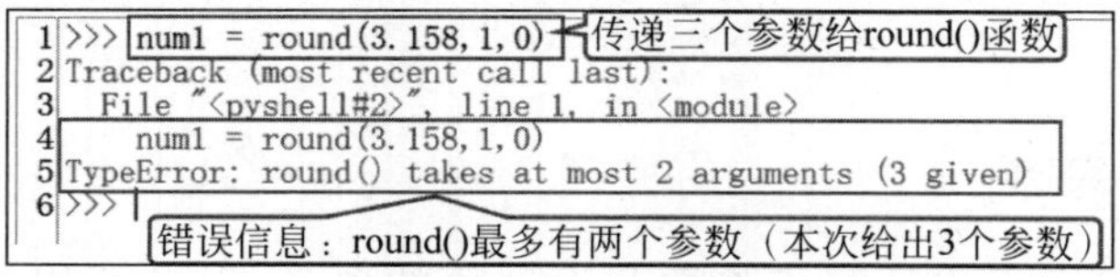

图 5-20 参数个数不符错误示例

有的读者可能会觉得,第 3 个参数毫无意义,没有人会犯这种错误。确实,round()函数的功能比较容易理解,没有人会错误地传递参数个数,在此只是以 round()函数为例,说明在向函数传递参数时要符合函数的语法,参数的个数不能多也不能少,以后学习到更多复杂的函数时,不注意这一点就有可能发生这种错误。

(2)参数的数据类型不符。

round()函数的参数 x 是浮点型,参数 n 是整型,在代码中调用 round()函数时,参数的数据类型与语法中要求的数据类型必须一致,否则会发生错误,如图 5-21 所示。

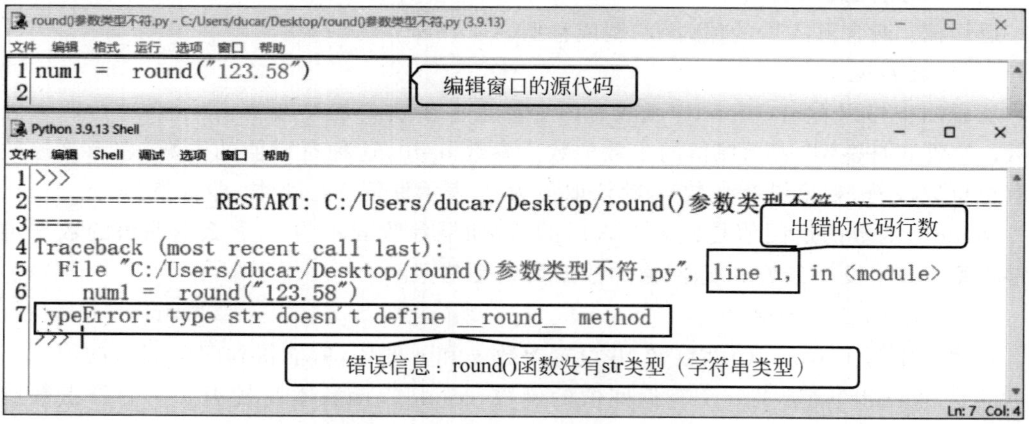

图 5-21 参数的数据类型不符错误示例

(3)未保存或使用返回值。

round()函数的返回值是一个数值,可以通过变量保存这个数以便后期使用,或者使用这个数进行运算,也可以将这个数传递给其他函数的参数,如图 5-19 中展示的三种情形。如果将 round()函数作为一个单独的语句,例如,>>>round(46.798)就相当于将一个数作为一条语句(如>>>47),既没有使用这个数,也没有将这个数保存起来以备后续使用,那么这次函数调用没有任何意义。

（4）返回值的数据类型不符。

上面谈到，round()函数的返回值是一个数值，需要将 round()函数作为语句的一部分来使用这个数。需要注意的是，round()函数所在的位置需要与语句中要求的数据类型相一致。

例如，"＋"的两边都是字符串时，表示将这两个字符串进行连接，good＋morning 的结果是字符串 good morning，此时要求"＋"的两边必须都是字符串，否则会出现错误，如图 5-22 所示。

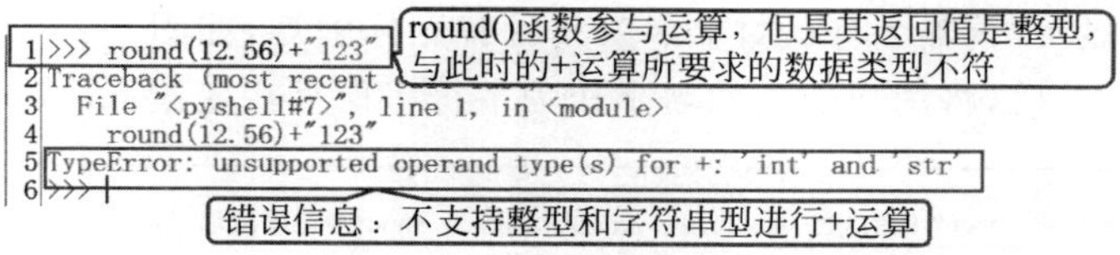

```
1 >>> round(12.56)+"123"
2 Traceback (most recent
3   File "<pyshell#7>", line 1, in <module>
4     round(12.56)+"123"
5 TypeError: unsupported operand type(s) for +: 'int' and 'str'
6 >>>
```

round()函数参与运算，但是其返回值是整型，与此时的+运算所要求的数据类型不符

错误信息：不支持整型和字符串型进行+运算

图 5-22　返回值的数据类型不符错误示例

以上以 round()函数为例，列举了函数在使用时的常见错误，有的读者可能觉得这些错误很初级，觉得自己永远都不会犯这样的错误，这是因为 round()函数的功能很容易理解，我们在使用 round()时不容易犯错误，但是在使用其他较为复杂的函数时，要注意上面的四种错误的情况。

（四）通过 AI 大模型学习函数的使用

Python 中的函数众多，当我们在代码中看到不认识的函数时，可以通过提问 AI 大模型来获得该函数的相关内容。比如，想要了解代码中的 int()函数，在豆包大模型对话框中输入："请用通俗的语言介绍一下 Python 内置函数 int()，包括函数功能、语法格式、参数的含义及数据类型、返回值的含义及数据类型，并举例。"大模型反馈信息如下。

功能：int() 函数主要用于将一个数字或者数字类型的字符串转换为整数。

语法：int(x, base＝10)

参数含义及数据类型：x 表示要转换为整数的数字或者数字类型的字符串，可以是整数、浮点数、布尔值或者合法的数字字符串。

base(可选)：指定进制数，默认为 10 进制。取值范围通常为 2～36。

返回值含义及数据类型：返回一个整数类型的值。

仔细阅读 AI 的回答，基本上能够明白 int()函数的用法，如果有疑问，可以继续追问。例如，可以继续追问"上面的回答中提到的数字类型字符串是什么"。

二、input()函数

Python 中的 input()函数用于接收用户的输入。其语法格式如下：

```
input([prompt])
```

参数 prompt 两边有"[ ]"，表示 prompt 是可选项，字符串类型。
返回值是用户输入的内容，字符串类型。

input()函数可以有参数（字符串型），也可以没有参数，返回值也是字符串型。执行 input()函数时，Shell 窗口中显示参数字符串，字符串末尾有光标闪烁，等待用户输入；用户输入内容并按 Enter 键确认后，获取用户输入的内容作为返回值。

input()函数中没有参数时，Shell 窗口只有光标闪烁，表示此时程序在等待用户输入，如图 5-23 所示。因为没有任何提示信息，导致用户不知道应输入什么样的内容，因此 input()函数的参数通常是指导用户如何输入信息的提示性文字。例如：

```
name = input("请输入你的姓名：")
```

Shell 窗口中显示"请输入你的姓名："，其后有光标闪烁，如图 5-23 所示。用户根据提示输入名字并 Enter 后，将用户输入的名字作为字符串保存在变量 name 中。

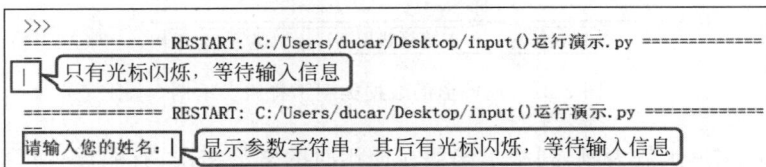

图 5-23 input()函数运行演示

三、print()函数

有教程中对 print()函数说明如下。

功能：用于将指定的内容输出到控制台。

语法：print(* objects, sep=' ', end='\n', file=sys. stdout, flush=False)。

参数：objects：复数，表示可以一次输出多个对象。输出多个对象时，需要用"，"分隔。

sep：用来间隔多个对象，默认值是一个空格。

end：用来设定以什么结尾。默认值是换行符 \n，我们可以换成其他字符串。

file：要写入的文件对象。

flush：flush=True，流会被强制刷新。

返回值：无返回值。

* objects：表示多个任意类型的对象，在任务 5-3 中，五角星绘制程序中，第 11 行代码的 print()函数有 1 个参数，字符串类型；闰年判断程序中，第 7 行代码的 print()函数有两个参数，整型和字符串型，二者间有"，"分隔。

sep：用来设置输出多个对象时，多个对象在输出时的分隔符。比如语句 print(year，"是闰年")，表示输出两个参数，变量 year 和字符串"是闰年"，二者之间有一个"，"；输出结果为"2000 是闰年"，变量值 2000 和字符串"是闰年"之间有一个空格，这个空格就是由参数 sep 设置的。省略 sep 时，默认是空格分隔；语句 print(year，"是闰年"，sep="♯")的结果是"2000♯是闰年"。sep 赋值为空字符串时，表示多个对象之间无分隔。

end：设置输出末尾符，表示与下一条 print 语句输出内容的关系，默认为换行。如果将 end 赋值为空字符串，表示与下一条 print 语句的输出内容是连续的，如图 5-24 所示。

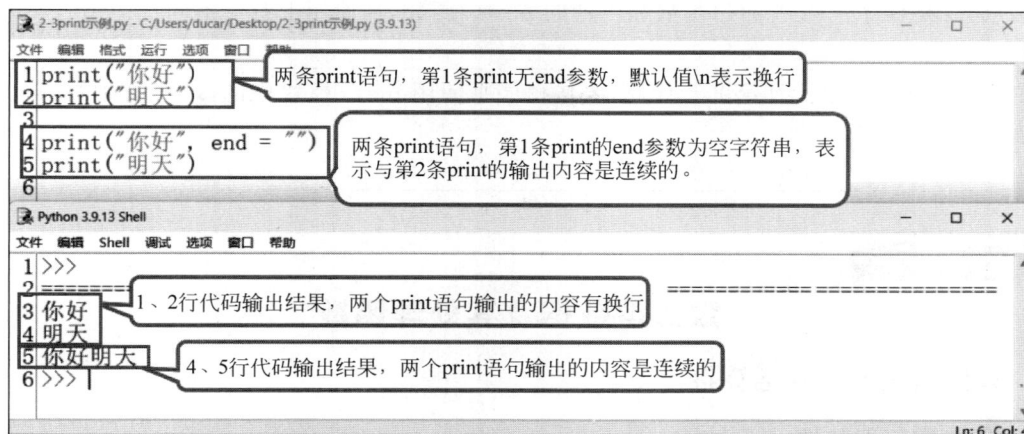

图 5-24　end 参数效果示例

任务 5-5　分析"小学生计算练习器"中的数值运算

任务描述

小学生计算练习器,能够自动生成 100 以内加减乘除、乘方和开平方的算式,并且判断用户输入的结果是否正确。本任务首先运行小学生计算练习器,然后回答 6 个小问题,理解程序中的数值型数据及其相应的运算符和处理函数。

任务实现

(1) 在 IDLE 的 Shell 窗口中打开素材文件"小学生计算练习器.py",然后运行程序至少 10 次,记录共出现了哪几种运算?

(2) input()函数通常应有参数,用于指导用户正确输入数据。但是本程序中第 54 行代码中 input()函数没有任何参数,请分析原因。

(3) 本程序的用户只能进行 100 以内的整除计算,因此在代码中自动生成除法运算的两个算数 num1 和 num2 时,使用 num1 ％ num2 !＝ 0 来判断 num1 是否能够整除 num2,猜想一下 83 ％ 9 的结果。

(4) 内置函数是 Python 解释器自带的函数,可在代码中直接使用。观察第 50、51 行和第 42、43 行代码,猜测 pow 函数的作用。

(5) math 模块提供了很多用于计算的数学函数。开平方 sqrt()函数是 math 模块的一

153

个函数,观察程序代码,sqrt()函数和内置的 pow()函数,在使用上有何不同?

(6) 观察程序第 1 和第 2 行代码,要在程序中使用 math 模块中的函数,必须写入的哪条语句?

知 识 点

数值型数据及其处理函数

一、数值型数据及其运算符

(一)数值型数据

我们平时生活中的学习成绩、年龄、物品的价格等,表现为一个数值,有的带小数点,有的不带小数点,比如 3.99 元,20 岁,这种数值在程序中称为数值型数据。Python 中常用的数值型数据有整型和浮点型。

1. 整型

整型即 int 型,在代码中通常表现为十进制形式的正整数或负整数。将一个整型数据赋值给变量,该变量的数据类型也是 int 型。

```
>>> age = 20                 #将整数 20 赋值给变量 age
>>> print(age)               #输出变量 age 的值
20
>>> type(age)                #使用 type()函数获取变量 age 的数据类型
<class 'int'>
```

2. 浮点型

浮点型即 float 型,在代码中通常书写为十进制的实数形式。将一个实数赋值给一个变量,那么这个变量的数据类型就被定义为了浮点型。

```
>>> apple_price = 3.6        #将整数 3.6 赋值给变量 apple_price
>>> print(apple_price)       #输出变量 apple_price 的值
3.6
>>> type(apple_price)        #使用 type()函数获取变量 apple_price 的数据类型
<class 'float'>
```

需要注意的是,不仅 3.6 这样的小数点后有数值的数是 float 型,3.0 这样带小数点的数也是 float 型。也就是说,代码中的 3 和 3.0,对于我们来说表示的数值大小是一样的,但是它们的数据类型是不一样的。

```
>>> type(3.0) <class 'float'>>>> type(3)<class 'int'>
```

(二)算术运算符

Python 提供的算术运算符有加(+)、减(—)、乘(*)、除(/)、整除(//)、求余(%)、幂运算(**),使用运算符进行相应的运算。虽然大家已经非常熟悉加减乘除运算,但是在代码中进行运算时要注意运算数和运算结果的数据类型。

1. 加法运算符

加法运算符(＋)表示加法运算,加数和被加数有一个是 float 型,和就是 float 型,只有加数和被加数都是 int 型时,和才是 int 型。

```
mineral_water_price = 2              #矿泉水的价格
iced_black_tea_price = 3.8           #冰红茶的价格
ice_cream_price = 5.2                #冰激凌的价格
total_amount = mineral_water_price + iced_black_tea_price + ice_cream_price    #计算总金额
```

输出结果为“11.0”(float 型)。如果三种物品的价格分别为 2、3、5,则输出结果为“10”(int 型)。

2. 减法运算符

减法运算符(－)表示减法运算,减数和被减数有一个是 float 型,差就是 float 型,只有减数和被减数都是 int 型时,差才是 int 型。

```
owner_weight = 50.8                  #主人的体重
total_weight = 72.3                  #主人抱起狗狗后的总体重
#计算小狗的体重
dog_weight = total_weight － owner_weight
#输出小狗的体重
print("小狗的体重是:",dog_weight)
```

输出结果为“21.5”(float 型)。如果将变量 owner_weight 和 total_weight 的值分别修改为 50 和 73,则输出的结果为“23”(int 型)。如果二者的值为 50.8 和 73.8,输出的结果为“23.0”(float 型)。

3. 乘法运算符

乘法运算符是一个星号(＊),而不是我们生活中的“×”。两个数相乘时,只要有一个数是 float 型,其积就为 float 型。

```
days = 5                                              #住宿天数
accommodation_cost_per_day = 230                      #每天住宿费
meal_cost_per_day = 38.5                              #每天餐费
total_accommodation_cost = days * accommodation_cost_per_day    #计算总住宿费
total_meal_cost = days * meal_cost_per_day            #计算总餐费
total_cost = total_accommodation_cost + total_meal_cost         #计算总花费
print("总的住宿费为:", total_accommodation_cost)       #输出结果
print("总餐费为:", total_meal_cost)
print("总的食宿费为:", total_cost)
```

输出结果分别是“1150”(int 型)、“192.5”(float 型)、“1342.5”(float 型)。通过结果可以看出“1150”是 int 型数据,这是因为变量 days 和变量 accommodation_cost_per_day 中的数据都是 int 型。

4. 除法运算符

除号(/)是除法运算符,除号前的数据为被除数,除号后的数据为除数,被除数和除数可以是 int 型,也可以是 float 型,但其商都是 float 型数据。

```
chinese_score = 82
math_score = 90
english_score = 80
average_score = (chinese_score + math_score + english_score) / 3    #计算平均成绩
```

输出结果为"84.0",通过运行结果可以看出,即使两个数能够完全整除,没有余数,其商也将添加一位小数"0",使其成为 float 型数据。不能整除时,如果能除尽,则商为除尽的实数,比如 5/2 的结果是 2.5;不能除尽时,商将保留 16 位小数,比如 8/3 的结果是2.6666666666666665。在实际使用中,使用 round()函数对商保留合适的小数位数。

5. 整除

整除(//)是指被除数除以除数,得到商后,只保留其整数部分,忽略其小数部分。通常被除数和除数都是 int 型,其整除的结果也是 int 型。

```
total_apples = 10
people_number = 3
apples_per_person = total_apples // people_number    #计算每人应得到的苹果数
print("每个人得到的苹果数是:", apples_per_person)
```

输出结果为"3"(int 型),该结果是截取了商的整数部分。当商是小于 1 的实数时,整除的结果是 0。比如 9//10 的结果为 0,123//10 的结果是 12。

6. 求余

求余(%)是两个数相除后的余数部分,通常情况下两个数都是整型,余数也是整型,比如 108%5 的结果是 3。下面的代码使用//和%,从一个三位数中分离出个位、十位、百位,例如 193 分离的结果是 1、9、3。

```
num = int(input("请输入一个三位数:"))
hundreds = num // 100
tens = (num // 10) % 10
ones = num % 10
print(f"百位:{hundreds},十位:{tens},个位:{ones}")
```

7. 幂运算

幂运算(**)是符前面的数据为底数,后面的数据为指数,底数和指数可以是 int 型数据,也可以是 float 型数据,所得的结果是 int 型或 float 型数据。这里只讨论指数为整数的情况,运算结果的数据类型将与底数的类型一致。例如 3 ** 2 的结果是 9,3.0 ** 2 的结果是 9.0。下面的代码获取用户的身高和体重,使用公式 BMI=体重(kg)÷身高(m)^2,计算用户的 BMI 指数值。

```
height = float(input("请输入你的身高(单位:米):"))
weight = float(input("请输入你的体重(单位:千克):"))
bmi = weight / (height ** 2)
print(f"你的 BMI 指数是:{bmi:.2f}")
```

(三)混合运算时的优先级问题

算术表达式中有多个运算符时,运算顺序遵循数学中的优先级规则。第一级是幂运算**;第二级正负号+和-;第三级乘法*、除法/、整除法//、求余%,这四个运算符优先级相同,在同一表达式中从左到右进行计算;最后是加法＋和减法 一,这两个优先级相同。我们可以通过括号( )改变优先级的顺序。

二、与数值处理有关的内置函数

与数值处理有关的内置函数,除了我们已经学习过的 int()、float()、round()之外,还有 abs()、divmod()、pow()等,下面学习 abs()和 divmod()函数,其他的函数可以通过 AI 大模型学习。

(一) abs()绝对值函数

abs(x)函数用于获取数字 x 的绝对值,参数 x 可以是 int 型或 float 型,返回值的数据类型与参数的数据类型相同。下面的代码展示了使用 abs()计算距离偏差。

```
expected_distance = 10                                    ＃预计到达距离
actual_distance = 12                                      ＃实际到达距离
distance_deviation = abs(expected_distance - actual_distance)  ＃计算距离偏差的绝对值
print("距离偏差为:", distance_deviation)
```

(二) divmod()商/余函数

divmod(x, y)函数同时获取两个数的商和余数,参数 x 和 y 均应为整数,返回值是一个由商 q 和余数 r 组成的元组(q,r),例如 divmod(10, 3)得到的是元组(3, 1)。

元组是 Python 中的一种数据类型,表示一组数据,两边有括号括起来,元组名[下标]可以获得元组中的单个元素。比如 Student1＝(1,"Tom",1981)定义了一个包含 3 个元素的元组 Student1,Student1[0]表示元组中的第 1 个元素,即"1"。divmod()函数的返回值是包含两个元素(整数商和余数)的元组。想要得到元组中的单个值,可以将返回的元组一次性赋值给两个变量,例如 q,r＝divmod(10,3),变量 q 代表元组中的第 1 个数 3,变量 r 代表元组中的第 2 个数 1。也可以使用下标获取元组中的单个值,ab＝divmod(10, 3),将返回的元组赋值给变量 ab,变量 ab 是一个元组,ab[0]表示 ab 元组中的第 1 个数 3,ab[1]表示 ab 元组中的第 2 个数 1。

下面的代码使用 divmod()函数获得每个人分到的苹果数和剩余苹果个数。

```
total_apples = 29                        ＃苹果总数
people_num = 12                          ＃总人数
apples_per_person, remaining_apples = divmod(total_apples, people_num)
print(f"每个人分得{apples_per_person}个苹果,剩余{remaining_apples}个苹果。")
```

三、math 模块及其函数

(一) Python 标准库

标准库是 Python 提供的一组模块和包。模块中有大量的预定义函数和变量,编程人员可以直接使用模块中的函数和变量。包是模块的组织形式,可以把包看成若干个模块组成的模块组。在代码中使用标准库中的函数,需要首先导入函数。

（二）导入函数

要使用模块中的函数,必须首先导入该函数。导入函数有两种方法,即导入整个模块和导入特定函数。

1. 导入整个模块

导入整个模块的语句格式为

`import 模块名`

导入模块后,在代码中使用函数的格式为

`模块名.函数名`

例如,在任务 2-1 的五角星绘制程序中,import turtle 导入绘图模块 turtle,然后在代码中使用 turtle. color()使用 color()函数。

也可以在导入模块时给模块起一个别名,从而简化模块的名称,提高代码的可读性。其格式为

`import 模块名 as 别名`

这样可以通过别名来使用模块中的函数,格式为

`别名.函数名`

2. 导入指定函数

导入模块中指定函数的格式为

`from 库名 import 函数名 1,函数名 2...`

这种方式导入函数后,在代码中直接使用函数,而不需要通过模块名作为前缀。

（三）math 模块及其常用函数

math 模块是 Python 标准库的一部分,它提供了丰富的数学函数,可以完成各种相关计算。表 5-1 列出了 math 模块提供的一些常用函数。

表 5-1　math 模块提供一些常用函数

函 数 名 称	功 能 描 述
fabs(x)	求 x 的绝对值
sqrt(x)	求 x 的平方根
trunc(x)	截断 x 小数点后的数字,只留下构成 x 整数部分的有效数字
exp(x)	求 e(自然常数)的 x 次方
sin(x)	求 x 弧度的正弦值
cos(x)	求 x 弧度的余弦值
floor(x)	将 x 转换为不大于它的最大整数

下面通过实例，介绍一下 math 模块中 sqrt() 函数的用法。在使用 math 模块中的函数前，首先要使用语句 import math 导入 math 模块，然后按照 math. 函数名的格式调用函数。

1. sqrt(x)

sqrt(x)函数用来计算非负实数 x 的平方根，x 可以是整型或浮点型数据，函数的返回值是浮点型数据。当 x 是负值时，则会抛出一个 ValueError 异常。下面的程序段，已知两点的坐标，计算两点的直线距离。这种计算可以用于各导航软件中。

一种两点 $A(x_1, y_1)$ 和 $B(x_2, y_2)$，两点之间距离的计算公式为：$d = \sqrt{(x_2-x_1)^2+(y_2-y_1)^2}$。

```
import math
A = (1.0, 2.0)                              #A 点坐标,元组类型
B = (4.0, 6.0)                              #B 点坐标
d = math.sqrt((B[0] - A[0])**2 + (B[1] - A[1])**2)    #sqrt 开平方
print("两点之间的距离为:", d)
```

2. 其他函数

math 中的其他函数在此不再进行讲解，读者可以借助 AI 大模型自主学习，提问大模型"请介绍××函数的语法格式、参数和返回值的数据类型，并举例。"仔细阅读大模型的解答及示例，并针对看不懂的内容继续追问大模型。

任务 5-6　分析"送餐信息确认"程序中的字符处理

任务描述

通过手机购买外卖时，外卖平台通常会要求用户确认送餐信息，包括用户名、联系电话、送餐地址。本次任务首先运行某外卖平台送餐信息确认程序，然后回答 7 个小问题，理解程序中的字符串及其相关的切片、连接等运算。

任务实现

1. 理解程序中的字符串数据

(1) 在 IDLE 的 Shell 窗口中打开素材文件"送餐信息确认.py"，观察程序代码，生活中的姓名、电话、地址等信息，在代码中均表示为字符串，从颜色来看，字符串是＿＿＿＿＿色；从形式来看，字符串使用＿＿＿＿＿括起来。

(2) 将代码中送餐地址字符串两边的双引号改为单引号，看看程序是否能运行？

＿＿＿＿＿＿＿＿＿＿＿＿＿＿＿＿＿＿＿＿＿＿＿＿＿＿＿＿＿＿＿＿

2. 理解字符串运算符

(3) 代码中用户的名字为"王小明"，程序运行时确认信息只显示"王××"，代码中获得用户的姓"王"是哪部分代码。

（4）参考程序的运行结果，分析一下代码中第 10 条语句中"＋"的作用是什么？

（5）代码中使用 * 隐藏了用户电话号码的中间四位，获取用户电话号码前三位是哪部分代码。

（6）本程序运行结果显示"送餐地址不属于职业学院片区"，如果想要输出"送餐地址属于滨州职业学院片区"，应如何修改程序？代码中运算符 in 的作用是什么？

（7）int(x)函数的作用是将 x 转换成整型，与 int()函数类似，str(x)函数的作用是将 x 转换成字符串，str(12)的值是什么？str()函数的返回值是什么类型？

知 识 点

字符串型数据

一、字符串型数据定义和表示方法

（一）现实生活中的字符串

字符串的意思就是"一串字符"，比如"棒""中国""yyds""13402331456"（手机号，是文本数字，不需要进行运算）都是字符串，再比如当你寄快递时，你需要填写收件人的姓名、地址、电话号码、邮寄的物品名称等也是字符串。生活中，字符串无处不在，将这些字符串送给程序，就需要字符串类型数据。

（二）字符串数据在程序中的表示

1. 字符串的表示

字符串数据即 str 型数据，是一串用英文单引号或双引号括起来的字符序列，能够表示基本的文本信息。使用单引号或双引号字符串没有任何区别。如果将一个字符串赋值给一个变量，那么这个变量的数据类型就定义为字符串类型，并且一经定义，不可改变。

```
>>> ID_Card = "身份证号:"              #使用双引号将字符串赋值给变量 ID_Card
>>> Number = '372301200003210123'      #使用单引号将字符串赋值给变量 Number
>>> print(ID_Card)
身份证号:
>>> print(Number)
372301200003210123
>>> type(ID_Card)                      #查看变量 ID_Card 的数据类型
<class 'str'>
>>> type(Number)                       #查看变量 Number 的数据类型
<class 'str'>
```

但是如果字符串内容本身使用了单引号或双引号，就必须使用另外未被使用的引号将其括起。

```
>>> Xunzi_Said = '荀子说:"不积跬步无以至千里"'        # 字符串中包含双引号
>>> print(xunzi_said)
荀子说:"不积跬步无以至千里"
>>> Famous_Remark = "Where there's a will, there's a way."    # 字符串中包含单引号
>>> print(Famous_Remark)
Where there's a will, there's a way.
```

当字符串不至一行字符,而且需要换行,比如一首古诗,就需要使用三引号括起这段字符串,三引号是指使用三对单引号或使用三对双引号,使用三引号括起来的字符串,不仅保留字符串中的换行符,而且字符串中的前导空格和尾随空格也将保留。

```
>>> Poetry = """        鹅                # 使用三引号设置多行字符串给变量 Poetry
    鹅,鹅,鹅,
    曲项向天歌。
    白毛浮绿水,
    红掌拨清波。"""
>>> print(Poetry)
        鹅                # 输出的字符串格式与三引号字符串格式中一致
    鹅,鹅,鹅,
    曲项向天歌。
    白毛浮绿水,
    红掌拨清波。
```

再就是字符串可以是空串,空串是指字符串中不包含任何字符,也不包含空格,即只使用了成对的引号。

2. 转义字符

转义字符是反斜杠后跟一个或几个字符,能够在字符串中实现特殊含义字符的输入。例如,当输入字符串“C:\address\name”时,其中的反斜杠不能直接使用,因为反斜杠在 Python 中是续航符,所以需要在字符串中使用转义字符“\\”表示字符串中的“\”。前面讲 z 在字符串中使用双引号,也可以使用“\"”代替。常见的转义字符如表 5-2 所示。

表 5-2　常见的转义字符

转 义 字 符	含　义	转 义 字 符	含　义
\'	单引号	\n	换行符
\"	双引号	\\	反斜杠
\b	退格符	\r	Enter 符

在前面的实例中,字符串中包含的单引号或双引号也可以使用转义字符代替。

```
>>> xunzi_said = "荀子说:\"不积跬步无以至千里\""        # 字符串中使用转义字符\"
>>> print(xunzi_said)
荀子说:"不积跬步无以至千里"
>>> Famous_Remark = 'Where there\'s a will, there\'s a way.'    # 字符串中使用转义字符\'
>>> print(Famous_Remark)
Where there's a will, there's a way.
```

3. 续行符

续行符即反斜杠“\”,表示下一行是上一行的延续。当输入的字符串太长,一行写不

下,或由于太长,不方便阅读时,可将字符串分成多行,除了最后一行以外,每一行的尾部添加一个续航符,保证字符串的连续性。

```
#用字符串保存所有学生信息,末尾的\表示本行未结束,是续行符
Stu_Information = "李明 13567102011 1iming@126.com;\
刘东 13667102012 1iudong@163.com;\
张晓 13584023115 zhangxiao@sina.com;\
陈旭阳 18884026791 chenxuyang@sohu.com;\
欧阳贝贝 15840236688 ouyangbeibei@sina.com;"
print(Stu_Information)
```

上面代码的输出结果如下:

李 明 13567102011 1iming @ 126. com; 刘 东 13667102012 1iudong @ 163. com; 张 晓 13584023115 zhangxiao @ sina. com; 陈 旭 阳 18884026791 chenxuyang @ sohu. com; 欧阳贝贝 15840236688 ouyangbeibei@sina.com;

二、字符串运算符

(一)加号运行符十

加号运行符十,可以将两个或多个字符串连接成一个字符串。

```
greeting = "尊敬的"                          #定义邮件的通用部分
user_name = "张三"                           #从数据库或输入方式获取的受邀请人的名字
personalized_message = "诚挚邀请您参加我们的婚礼!\
希望您在这里能享受到愉快的时光。"              #定义个性化的消息
#使用加号来拼接字符串,形成完整的邮件
email_start = greeting + user_name + ":\n" + personalized_message
print(email_start)
```

上面代码的输出结果如下:

尊敬的张三:
诚挚邀请您参加我们的婚礼!希望您在这里能享受到愉快的时光。

(二)乘号运行符 *

乘号运算符"*",可以将字符串重复指定的次数,生成一个新的字符串。
字符串乘号运行的格式为

字符串 * 次数

说明:次数必须是 int 型数据。

```
separator = " = " * 50                       #生成由 50 个等号组成的分隔符,装饰文本
print(separator)
print("这是一个重要的消息")
print(separator)
```

上面代码的输出结果如下:

```
==================================================
这是一个重要的消息
==================================================
```

（三）字符串索引[n]

字符串是一个有序序列，每个字符都可以通过其位置被访问，即通过索引访问字符。索引分为正索引和负索引，正索引是指从左侧开始将第一个字符的位置记作 0，第二个字符就记作 1，依此类推。负索引是指从右侧开始将第一个字符（通常的倒数第一个）的位置记作 −1，第二个字符（通常的倒数第二个）的位置记作 −2，以此类推。我们把这个字符位置编号称为索引号，利用索引号可以从左右两个方向上获得指定的字符。比如 str = 'hello world'这个字符串的索引如图 5-25 所示。

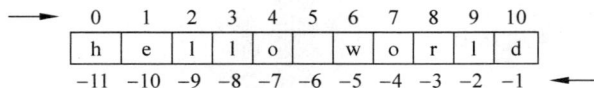

图 5-25　字符串的索引

在字符串中获得字符的格式为

字符串变量名[索引号]

说明：在字符串变量名后添加用英文中括号[]括起的指定字符的索引号。

```
#检查用户名第一个字符是否为字母
User_Name = "Kevin123"
#获取变量 User_Name 中的第一个字符,送给变量 first_characte
first_character = User_Name[0]
#获取变量 User_Name 中的最后一个字符,送给变量 end_character
end_character = User_Name[ − 1]
#使用 isalpha()方法检查 first_character 中是否为字母
if first_character.isalpha() and end_character!= " ":
    print("输入有效,用户名合法.")
else:
    print("输入无效,用户名要以字母开头,结尾不能有空格.")
```

说明：if…else…是后面学习的分支结构，在这里如果第一个字符是字母，最后一个字符不是空格，输出"输入有效，用户名合法"，否则，输出"输入无效，用户名要以字母开头，结尾不能有空格。"

isalpha()可以检查字符串中是否全部是字符，如果是，结果就是逻辑真，否则就是逻辑假。

（四）字符串切片[n:m]

字符串切片是指通过索引号从字符串中提取连续的一部分字符，生成子串。
字符串切片格式为

字符串变量[n:m]　　　　从 n 的位置提取到 m−1 的位置
字符串变量[:m]　　　　从开始的位置提取到 m−1 的位置
字符串变量[n:]　　　　从 n 的位置提取到字符串末尾

说明：n 和 m 都是索引号，中间用冒号分开。字符的截取是在 n 的前面开始，在 m 的前面结束，所以第 m 个字符将不会被截取。

```
Original_Date = "20230415"                #原始日期字符串
Year = "年"
```

```
Month = "月"
Day = "日"
＃使用字符串切片变量 Original_Date 中分离出年、月、日
Year_Part = Original_Date[:4]              ＃获取年份部分送给变量 Year_Part
Month_Part = Original_Date[4:6]            ＃获取月份部分送给变量 Month_Part
Day_Part = Original_Date[6:]               ＃获取天部分送给变量 Day_Part
Modified_Date = Year_Part + Year + Month_Part + Month + Day_Part + Day        ＃重新构造日期格式
print(f"原始日期:{Original_Date}")
print(f"修改后的日期:{Modified_Date}")
```

上面代码的输出结果如下：

原始日期:20230415
修改后的日期:2023 年 4 月 15 日

（五）in 和 not in

in 是用来判断字符串 A 是否包含在字符串 B 中，其运行结果为逻辑值，如果是,返回 True,否则返回 False；not in 则相反,判断字符串 A 是否不包含在字符串 B 中，其运行结果同样是逻辑值。in 或 not in 经常在 for 循环结构和 if...else...分支结构中使用。

in 和 not in 的使用格式为

A in B   判断 A 是否包含 B 中
A not in B   判断 A 是否不包含 B 中

说明：in 和 not in 两侧一定要用空格分隔开前后的内容。

```
User_Input = "这是一个不危险的消息。"
Sensitive_Word = "危险"
Advert_Word = "广告"
＃使用 in 判断变量 User_Input 是否包含变量 Sensitive_Word 中的内容
if Sensitive_Word in User_Input:
        print("检测到敏感词:", Sensitive_Word)
else:
print("输入中不包含敏感词。")
＃使用 not in 判断变量 User_Input 是否包含变量 Advert_Word 中的内容
if Advert_Word not in User_Input:
    print(f"输入中不包含\"{Advert_Word}\"词汇。")
```

上面代码的输出结果如下。

检测到敏感词:危险
输入中不包含"广告"词汇。

三、字符串处理函数

Python 中有许多与字符串有关的函数,可以执行对字符串的各种操作,比如替换、分割、合并、格式化等。下面学习 len()和 ord()函数,其他的函数可以通过 AI 大模型进行学习。

（一）len()获取字符串长度

len(x)函数可以统计字符串中字符的数量。参数 x 在这里是"字符串"或字符串变量,

返回值是 int 型的数据，即字符数量。如果字符串为空串，返回值为 0。下面的代码要求输入用户名，并且字符个数不能少于 8 位。

```
User_Input = input("请输入不少于 8 个字符的用户名: ")
if len(User_Input) < 8 or len(User_Input) == 0 :
    print(f"用户名 '{User_Input}' 不符合要求或不能为空! 请重新输入。")
else:
    print(f"用户名 '{User_Input}' 符合要求。")
```

上面代码的输出结果如下：

```
请输入不少于 8 个字符的用户名: 123
用户名 '123' 不符合要求或不能为空! 请重新输入。
```

（二）ord( )获取字符码值

ord(x)可以返回指定字符在 Unicode 或 ASCII 字符集中的编码值。参数 x 是长度为 1 的字符串，可以是空格，但不能是空串。返回值是 int 型的字符编码数值。ord( )函数在安全检测中经常使用，例如为了增加密码强度，要求用户在设置密码时，包含特殊密码字符，我们可以通过 ord( )函数检测密码是否符合要求。

```
Password = input("请输入包含特殊字符的密码:")          #输入密码
Label = 0
for Char in Password:                                   #使用 for 循环遍历密码中的字符,每次送给变量 Char
    Code_Point = ord(Char)                              #使用 ord()获取字符的 Unicode 码值,赋给变量 Code_Point
    if 33 <= Code_Point <= 47 or 58 <= Code_Point <= 64 or 91 <= Code_Point <= 96 or 123 <=
Code_Point <= 126:                                      #使用 if 语句判断是否为特殊字符
        Label = 1
        break                                           #使用 break 终止 for 循环
if Label == 1:
    print(f"密码中包含特殊字符'{Char}'")
else:
    print(f"没有特殊字符,不符合要求,重新设置.")
```

上面代码的输出结果如下：

```
请输入包含特殊字符的密码:Ps@sw0rd
密码中包含特殊字符'@'
```

任务 5-7　分析程序中的决策逻辑

任务描述

本任务我们通过分析性别判断程序和"石头、剪刀、布"游戏程序的运行过程，理解代码如何实现针对不同情况的决策。

身份证号的倒数第二位代表性别，奇数表示男性，偶数表示女性。性别判断程序能够根据姓名和身份证号，输出相应的欢迎词，例如输入"李丽莎 130208200008080229"，输出"欢迎您，李女士"。

"石头、剪刀、布"是大众喜闻乐见的一个游戏,使用计算机实现这个游戏时,可以使用数字来表示石头、剪刀、布,然后和计算机随机产生的数字进行比较,从而确定输赢情况。

任务实现

1. 理解布尔型数据

(1) 在现实生活中,有时我们判断一件事情时只有两个相对的结论,是/否,比如 5 是偶数,如果用英文 True 表示"是"的情形,那么表示"否"应使用哪个单词?

_____

(2) "3＞5"这个表达式的结果是什么? 与"＞"具有类似功能的运算符还有哪些?

_____

(3) "＝＝"用于判断两个数是否相等,"a ＝＝ 5"和"a＝5"有什么区别?

_____

(4) "滨州"in "滨州职业学院",这个表达式的结果是什么?

_____

2. 理解分支结构

(5) 在 IDLE 的 Shell 窗口中打开素材文件"性别判断",程序中第 9 行代码中的 isnumeric( ) 方法是判断一个字符串中是否全部都是数字,如果输入身份证号 "130208200008080229",id_number. isnumeric()的结果是什么? _____

(6) 第 12 行代码和第 14 行代码是否有可能同时执行,为什么?

_____

(7) 执行第 14 行代码时,变量 gender_code 的值是多少? _____

(8) 代码中有_____个 if 语句,它们的关系是_____(并列/从属)。

3. 理解逻辑运算

(9) 三角形构成条件是"任意两条边的和大于第三边",如果用 a、b、c 表示三条边,边长 a、b 的和大于 c 可表示为_____,边长 b、c 的和大于 a 可表示为_____ _____,边长 a、c 的和大于 b 可表示为_____,想要构成三角形,这三个表达式必须_____成立。

(10) 某个时间段王同学可以背英语单词,也可以背古诗,王同学可否同时做这两件事? (可以/不可以)_____。对王同学来说,这两件事是_____关系。

4. 理解多分支结构

(11) 在 IDLE 的 Shell 窗口中打开素材文件"石头、剪刀、布",代码中有_____个分支,对应着游戏结果的输、赢、平局。

(12) 程序的多分支使用了哪个保留字?

(13) 第 9 行代码中的 user＝＝0 and computer＝＝1,表示了哪种出拳情况? 保留字 and 表示什么意思? _____

(14) 有几种情形用户赢,它们是什么关系? 代码中哪个保留字表示这种关系?

_____

知 识 点

程序的分支

一、布尔型数据

（一）布尔型数据定义

布尔型数据（Boolean Data）是一种简单的数据类型，用于表示逻辑上的真（True）或假（False），比如老师说："你是学生吗?"，如果你的身份是学生，为真；否则，为假。在计算机中，布尔型数据主要用于处理条件判断、逻辑运算、循环控制、函数的返回值等。

（二）布尔型数据的来源

在代码中除了直接赋值为 True 或 False 的布尔型常量之外，以下多种运算的结果都为布尔型数据。

1. 关系运算

关系运算（也称为比较运算）是指通过关系运算符对两个值或表达式进行比较，其运算的结果是一个布尔型数据（True 或 False）。关系运算有五个关系运算符，分别是＞、＞＝、＜、＜＝、＝＝、!＝，它们可以比较数值、字符串、列表等数据。表 5-3 中详细介绍了所有的关系运算符。

表 5-3 python 中的关系运算符

运 算 符	说 明	实 例	结 果
＞	大于	5＞3	True
＞＝	大于或等于	5＞＝3.1	True
＜	小于	"apple" ＜ "banana"	True
＜＝	小于或等于	"a"＜＝"A"	False
＝＝	等于	2＋3＝＝5.0	True
!＝	不等于	"a"!＝"A"	True

说明：

- 数值类型（整数、浮点数）之间可以直接比较。
- 字符串之间按在 Unicode 或 ASCII 中的顺序进行比较。
- 序列类型（列表、元组等）之间按元素顺序和值比较。
- 不同类型的对象之间通常不能直接比较，如果比较不同数据类型的数据会引发 TypeError 异常。
- 算术运行符的优先级高于关系运行符。

2. 逻辑运算

逻辑运算是指通过逻辑运算符对布尔型的变量、常量或表达式进行操作，其运算结果也是布尔型数据。逻辑运算有 3 个逻辑运行符，分别是与（and）、或（or）和非（not）。表 5-4 详细介绍了逻辑运算符。

表 5-4　Python 中的逻辑运算符

运　算　符	说　　明	实　　例	结　　果
and	运算符两侧表达式都为真,运算结果才为真。	5>3 and" apple" < "banana"	True
or	运算符两侧表达式有一侧为真,运算结果就为真。	"a"<="A" or 2+3==5.0	True
not	运算符右侧表达式为真,运算结果为假,表达式为假,运算结果为真。	not("a"!="A")	False

说明:

- 逻辑运算符有优先级,not 优先级最高,其次是 and,最后是 or。例如:

  ```
  >>> not "a"!= "A" and " apple" < "banana" or 2 + 3 == 5.0
  True
  ```

- 逻辑运算符的优先级低于关系运算符,更低于算术运算符。

3. 成员运算

成员运算使用 in 或 not in 来实现。

in 是用来判断字符串 A 是否包含在字符串 B 中,其运行结果为逻辑值,如果是,返回 True,否则返回 False;not in 则相反,判断字符串 A 是否不包含在字符串 B 中,其运行结果同样是逻辑值。in 或 not in 经常在 for 循环结构和 if...else...分支结构中使用。

in 和 not in 的使用格式为

```
A in B          判断 A 是否包含 B 中
A not in B      判断 A 是否不包含 B 中
```

说明:in 和 not in 两侧一定要用空格分隔开前后的内容。

```
User_Input = "这是一个不危险的消息。"
Sensitive_Word = "危险"
Advert_Word = "广告"
#使用 in 判断变量 User_Input 是否包含变量 Sensitive_Word 中的内容
if Sensitive_Word in User_Input:
    print("检测到敏感词:", Sensitive_Word)
else:
print("输入中不包含敏感词。")
#使用 not in 判断变量 User_Input 是否包含变量 Advert_Word 中的内容
if Advert_Word not in User_Input:
    print(f"输入中不包含\"{Advert_Word}\"词汇。")
```

上面代码的输出结果如下:

```
检测到敏感词:危险
    输入中不包含"广告"词汇。
```

4. 函数的返回值

在 Python 中有很多用于判断的函数,其返回值是 True 或者 False,在某些条件进行逻辑判断时,这种函数非常有用,如表 5-5 所示中是对几个字符串进行判断的操作函数。

表 5-5　对字符串进行判断的操作函数

函　　数	功 能 描 述	参　　数	返 回 值
isalnum()	判断字符串是否都是字母和数字	无参数	返回一个布尔型数据
isalpha()	判断字符串是否都是字母	无参数	返回一个布尔型数据
isnumeric()	判断字符串中的所有字符是否都是数	无参数	返回一个布尔型数据
islower()	判断字符串中的所有字符都是小写	无参数	返回一个布尔型数据
isupper()	判断字符串中的所有字符都是大写	无参数	返回一个布尔型数据

下面通过 isalnum() 函数的使用看一下如何使用用于判断的函数。

```
♯判断输入的用户名完全由字母、数字组成
Username = input("请输入用户名:")
if Username.isalnum() :          ♯在 if 语句中使用 isalnum() 函数作为判断条件
    print("用户名由字母和数字组成。")
else:
    print("用户名包含非字母或非数字的字符。")
```

二、分支语句

在实际应用中,有时需要通过判断来决定任务是否执行或执行的方式,比如判断你输入的 qq 账号和密码,决定是否允许进入该账号。这就需要使用选择结构,即分支结构来完成。

分支结构通过分支语句来实现,分支语句由 if 和 else 关键字来构造,包括单分支和双分支结构。

（一）单分支结构

当只使用 if 关键字时为单分支结构。

单分支结构的一般格式为

```
if 条件表达式:
    条件为真时执行语句块
```

说明：

- 执行过程：当执行到 if 语句时,首先判断条件是否为 True,如果为 True,则执行 if 语句块中的代码。如果 if 语句中的条件为 False,执行完成,继续执行它后面的语句。
- 条件表达式后面必须有半角状态下的冒号(:)。
- 条件表达式可以为关系表达式或逻辑表达式。
- 可执行的语句块中的语句必须向右缩进相同的距离。

下面使用单分支结构实现一个简单的天气提示程序。

```
Temperature = float(input("请输入当前温度(摄氏度):"))
if Temperature < 0:
        Advice = "天气寒冷,请穿羽绒外套。"
if 0 <= Temperature < 10:
        Advice = "天气较冷,建议穿厚毛衣或夹克。"
```

单分支

169

```
if 10 <= Temperature < 20:
        Advice = "天气凉爽,适合穿薄毛衣或长袖衬衫。"
if 20 <= Temperature < 30:
        Advice = "天气温暖,适合穿短袖衬衫或 T 恤。"
if Temperature >= 30:
        Advice = "天气炎热,注意防暑降温。"
print(Advice)
```

上面代码的输出结果如下:

请输入当前温度(摄氏度):23.5
天气温暖,适合穿短袖衬衫或 T 恤。

(二)双分支结构

当同时使用 if 语句和 else 语句时为双分支结构。

双分支结构的一般格式为

```
if 条件表达式:
        条件为真时执行语句块 1
else:
        条件不为真时执行语句块 2
```

说明:

- 执行过程:当执行到 if 语句时,首先判断条件是否为 True,如果为 True,则执行 if 语句块中的代码。如果 if 语句中的条件为 False,则执行 else 中的语句块 2。
- 在 if 条件语句后和 else 语句后有半角状态下的冒号(:)。
- 所有可执行的语句块都必须向右缩进相同的距离。

下面使用双分支结构实现求一元二次方程实根。

```
import math                                          # 导入数学函数模块
print("请输入一元二次方程的 3 个系数:")
a = float(input("请输入 a:"))
b = float(input("请输入 b:"))
c = float(input("请输入 c:"))
if(a == 0):                                          # if 语句判断是否为一元二次方程
    print("二次系数不能为零,非一元二次方程!")
    exit(0)                                          # exit()函数退出当前程序的运行
Tmp = b * b - 4 * a * c                              # 计算 delt
if(Tmp >= 0):                                        # if 判断方程是否有实根
    x1 = (-b + math.sqrt(b * b - 4 * a * c))/(2 * a) # 计算并输出方程的实根
    x2 = (-b - math.sqrt(b * b - 4 * a * c))/(2 * a)
    print("第一个根为:",x1)
    print("第二个根为:",x2)
else:
    print("该方程无实根")
```

上面代码的输出结果如下:

请输入一元二次方程的 3 个系数:
请输入 a:1.5
请输入 b:4.5

170

请输入 c:3
第一个根为：-1.0
第二个根为：-2.0

（三）多分支结构

在实际生活中经常存在两种以上可能的选择，比如根据年份在十二生肖中挑出属相，这就需要进行多次判断，Python 提供多分支结构来满足这种需要。

多分支结构的一般格式为

if 条件表达式 1:
　　条件 1 为真时执行语句块 1
elif 条件表达式 2:
　　条件 2 为真时执行语句块 2
…
[else:
　　条件不为真时执行语句块 n]

说明：

- 执行过程：当执行到 if 语句时，首先条件是否为 True，如果为 True，则执行 if 语句块中的代码。如果 if 语句中的条件为 False，则检查 elif 语句中的条件 1 是否为 True。如果为 True，则执行 elif 语句块中的代码。如果 elif 语句中的条件 1 为 False，则到下一个 elif 语句进行判断，可以有多个 elif 语句，它们会按顺序检查，直到找到一个为真的条件。如果所有的 if 和 elif 条件都为 False，则执行 else 语句块中的代码。

- 在 if 条件语句后、elif 条件语句后及 else 语句后有半角状态下的冒号(:)。

- 所有可执行的语句块都必须向右缩进相同的距离。

- else 语句是可选项，在分支结构中最多只能有一个，并且它必须位于所有 if 和 elif 语句之后。

下面使用多分支结构判断输入年份生肖的程序。

```
Year = int(input("请输入年份："))
if (Year - 4) % 12 == 0:                    # 以 4 为基准,易于计算
    Zodiac = "鼠"
elif (Year - 3) % 12 == 0:
    Zodiac = "牛"
elif (Year - 2) % 12 == 0:
    Zodiac = "虎"
elif (Year - 1) % 12 == 0:
    Zodiac = "兔"
elif Year % 12 == 0 or (year - 12) % 12 == 0:    # 龙年,注意处理跨世纪的年份
    Zodiac = "龙"
elif (Year + 1) % 12 == 0:
    Zodiac = "蛇"
elif (Year + 2) % 12 == 0:
    Zodiac = "马"
elif (Year + 3) % 12 == 0:
    Zodiac = "羊"
elif (Year + 4) % 12 == 0:
```

```
        Zodiac = "猴"
    elif (Year + 5) % 12 == 0:
        Zodiac = "鸡"
    elif (Year + 6) % 12 == 0:
        Zodiac = "狗"
    else:
        Zodiac = "猪"
    print(f"{ Year }年的生肖是: { Zodiac }")
```

上面代码的输出结果如下：

请输入年份: 2012
2012 年的生肖是：猴

任务 5-8 分析程序中的循环机制

任务描述

本任务将通过分析密码合格性验证程序和计算平均分程序的运行过程，理解代码如何实现多次执行相同的任务。

计算机等级考试网，新用户注册时密码要求如下：①密码长度为 8～15 位；②密码中包含大写字母、小写字母、数字和特殊字符(!@#$%^&*_-)。依次输入若干个成绩，输入—1 表示结束，然后计算平均分。

任务实现

1. 理解生活中的循环

（1）循环是指反复多次做相同的操作。假设学生体检项目包括测视力、测听力和采血，医生依次为学生体检时，虽然每次进行的操作都是测视力、测听力和采血，但不同点是＿＿＿＿＿
＿＿＿＿＿＿＿＿＿＿＿＿＿＿＿＿＿＿＿＿＿＿＿＿＿＿＿＿＿＿＿＿＿＿＿＿＿＿＿。

（2）医生循环为学生体检，结束体检循环的条件可能是：①达到了规定的体检人数；②检查完某班级的所有学生；③＿＿＿＿＿＿＿＿＿＿＿＿＿＿；④＿＿＿＿＿＿＿＿＿＿＿＿。

2. for 循环语句

（3）计算机等级考试网对新用户密码的要求，可表述为：①长度为 8～15 位；②必须包含大写字母；③＿＿＿＿＿＿＿＿＿＿＿；④＿＿＿＿＿＿＿＿＿＿＿；⑤＿＿＿＿
＿＿＿＿＿＿。

（4）打开文件"密码合格性验证"，代码 5～9 行用 5 个变量保存上述 5 项要求的验证结果，且初值赋值为 False 表示不满足条件，观察变量名，猜一猜保存"必须包含数字"这项验证结果的变量是＿＿＿＿＿＿＿＿＿＿＿＿＿。

（5）第 16～24 行代码的 for 循环，逐个检查密码中的每位字符，检查该字符是大写、小写、数字还是特殊字符，并赋值相应的验证结果变量。假设用户输入的密码是 Jinan531@126，那么第一次 for 循环时，变量 char 是字符＿＿＿＿＿＿，最后一次 for 循环时，变量 char 是＿＿＿＿＿＿。

172

（6）假设用户输入的密码是 Jinan531@126,for 循环总共执行_____次,has_special_char 变量首次赋值为 True 时,当前字符是_____,此时是第_____次循环。

3. while 循环语句

（7）while 语句是另一种实现循环的代码结构,具体格式为

```
while 循环条件:
    循环体
```

当循环条件满足时,执行循环体,直到循环条件不满足。打开文件"计算平均分",循环条件为 score != −1,首次执行 while 语句时,score 的初值为_____,此时循环条件_____（满足/不满足）;循环过程中用户逐个输入成绩,当用户输入_____时,循环条件满足,while 循环结束。

（8）假设用户输入了 3 个成绩 85,39,97 后输入−1,在循环过程中,total_score 的值依次为_____,num_scores 的值依次为_____。

（9）下面的 while 循环能否结束,为什么?_____

```
sum = 0
i = 0
while i <= 100:
    sum = sum + i
print(sum)
```

知识点

循 环 语 句

一、for 循环语句

一般 while 循环结构适用于不确定循环次数或需要在循环过程中改变条件的情况,而对于已知循环次数或需要遍历某个集合的情况,使用 for 循环更加有效。

for 循环语句一般格式为

```
for 循环变量 in 序列:
    循环体
```

for
循环语句

说明:

- 执行过程:当执行到 for 语句时,首先循环变量被赋值为序列中的一个值,然后执行循环体语句,循环体执行完成后,再次扫描序列,判断是否还有元素可以赋值给循环变量,如果还有元素可以赋值给循环变量,则再次执行循环体,直到序列中的元素全部扫描完毕,没有元素可以再赋值给循环变量,循环结束,程序执行循环外后面的语句。
- 在 for 语句的序列后要使用半角的冒号(:)。
- 循环体的所有语句向右缩进,并且必须对齐,即与 for 语句的位置有相同的缩进。
- 序列可以是列表、元组、字符串、字典、集合以及其他可迭代对象,或者是使用 range() 函数圈定的序列范围。这里只讨论序列为列表和使用 range() 函数的情况。

(一) 序列为列表

列表可以看成多个数据的集合,比如[1,2,3]是一个列表,字符串"morning"也是一个列表,循环变量可以依次被赋值为列表中的元素。

下面以筛选出列表中的数值型数据为例,说明列表在循环中的使用。

```
#变量 Src_List 存储一个由 8 个元素组成的列表
Src_List = [12,45,3.14,0.614,'Alice',4,56,'los_Angeles',109.5]
i = 0
for elem in Src_List:                            #变量 elem 依次获得 Src_List 中的元素
    #isinstance()函数可以判断变量 elem 中的数据是否为指定的类型
    if isinstance(elem,int) or isinstance(elem,float):
        i += 1
        print("这是第{0}个数:{1}".format(i,elem))
```

上面代码的输出结果如下:

```
这是第 1 个数:12
这是第 2 个数:45
这是第 3 个数:3.14
这是第 4 个数:0.614
这是第 5 个数:4
这是第 6 个数:56
这是第 7 个数:109.5
```

(二) 序列为 range()函数

range() 函数是 Python 中一个内置函数,它用于生成一个数字序列。这个函数在 for 循环中经常使用。

range() 函数的一般格式为

range([起始数 start], 终止数 stop[, 步长 step])

说明:

- 起始数、终止数和步长三个参数为整数。
- 当只有终止数一个参数时,起始数和步长为可选项,则该函数产生一个从 0 开始到 stop-1 的整数序列。例如 range(5)将产生序列 0,1,2,3,4。
- 当有起始数和终止数两个参数时,则该函数产生一个从 start 开始到 stop-1 的整数序列。例如 range(-4,0)将产生序列-4,-3,-2,-1。
- 当有起始数、终止数和步长三个参数时,则该函数产生一个从 start 开始,依据步长逐渐递增或递减(步长是负整数时)到 stop-1 终止的序列。例如 range(4,-1,-1)将产生序列 4,3,2,1,0。

下面通过输入一个正数,求其阶乘的实例了解 range()函数的使用。

```
print("本程序计算阶乘!")
Num = int(input('请输入一个正整数:'))
s = 1                                            # 累乘器变量 s 赋初值1
#for 循环结构中使用 range()函数,从 1 到 num 依次取一个数据赋值给 n
for n in range(1,Num + 1):
```

```
    s = s * n                                        #实现累乘
print("{0}!= {1}".format(Num,s))
```

上面代码的输出结果如下：

```
本程序计算阶乘!
请输入一个正整数:4
4!= 24
```

二、break 和 continue 关键字

break 和 continue 是两个用于控制循环流程的关键字。它们可以在满足条件的情况下中止循环或跳过本次循环。

（一）break

break 关键字用于立即中止本次循环，并跳出循环。即使循环条件仍然为真，循环也会停止。break 通常与 if 语句一起使用，判断满足特定条件时退出循环。

下面通过限制密码输入次数了解 break 的使用。

```
#用两个变量预先保存用户名和密码
Uname = "zhangsan"
Upass = "123456"
Count = 0;
for i in range(1,4):                                 #构造一个最多执行 3 次的循环
    Sname = input("请输入用户名:")
    Spass = input("请输入密码:")
    if Sname == Uname and Spass == Upass:
        print("登录成功!")
        break                                        #输入正确,终止循环,并且退出循环
    else:
     print('用户名或密码错!')
     Count += 1
if Count == 3:
    print("错误超过 3 次,不允许登录!")
    exit(0)                                          #出错 3 次,退出程序
```

上面代码的输出结果如下：

```
请输入用户名:qq
请输入密码:3
用户名或密码错!
请输入用户名:ee
请输入密码:4
用户名或密码错!
请输入用户名:aa
请输入密码:4
用户名或密码错!
错误超过 3 次,不允许登录!
```

（二）continue

continue 关键字用于跳过当前循环体剩余语句,中止本次循环,直接进入下一次循环。也就说循环本身不会中止,会继续进行下一次迭代。continue 通常与 if 语句一起使用,在满

足特定条件时跳出当前循环,进入下一次循环。

下面通过实例了解 countinue 的使用。

```
# 找出 100~300 之间能被 23 整除的数
print('本程序输出 100~300 内所有能被 23 整除的数!')
count = 0
for num in range(100,301):                    # for 循环测试 100~300 之间的每个数
    if(num % 23!= 0):
# 若 num 不能被 23 整除,执行 continue 语句,跳到循环头部开始下一轮循环
        continue
    count += 1
    print(f"第{count}个被 23 整除的数{num}" )
```

上面代码的输出结果如下:

本程序输出 100~300 内所有能被 23 整除的数!
第 1 个被 23 整除的数 115
第 2 个被 23 整除的数 138
第 3 个被 23 整除的数 161
第 4 个被 23 整除的数 184
第 5 个被 23 整除的数 207
第 6 个被 23 整除的数 230
第 7 个被 23 整除的数 253
第 8 个被 23 整除的数 276
第 9 个被 23 整除的数 299

三、While 循环语句

在企业中,流水线上的工人不停地拧螺丝和上螺丝,是重复性很强的操作。在程序中,这种在一定条件下的重复操作可以通过循环来实现。

循环是指在满足一定条件的情况下,重复执行一组语句的结构。重复执行的语句称作循环体。比如:使用 print("＊")语句可以输出一个 ＊,那么想要输出 30 个 ＊,就要重复执行 30 次 print("＊")语句,我们可以通过循环结构来实现,其中 print("＊")语句就是循环体。Python 中可以通过 while 语句或 for 语句实现循环。

下面先看一下使用 while 语句如何实现循环。

while 循环语句一般格式为

while 循环条件:
    循环体

说明:

• 当执行到 while 循环时,首先判断"循环条件",如果条件为 True,则执行循环体;执行完毕,再次判断"循环条件",若为 True,继续执行循环体,若为 False,不再执行循环体,循环结束。继续执行循环结构之后的语句。

• 循环条件后有半角状态下的冒号(:)。

• 如果循环条件结果为 True,在没有其他语句影响循环条件的情况下,循环将无限执行下去,形成死循环,所以在循环体中要有一条语句来影响循环条件,一般这条语句

称为迭代语句。

- 必须给循环条件中的控制变量赋初值,使第 1 次循环条件成立,否则循环体一次也不执行,语句就没有意义。
- 循环体的所有语句向右缩进,并且必须对齐,即与 while 语句的位置有相同的缩进。

下面通过简单的实例理解循环结构。

```
♯使用 30 个 * 组成直角三角形
i = 1
s = 0                                    ♯循环变量赋初值
while s <= 30:                           ♯循环条件 s <= 28
    print('*' * i)                       ♯打印 i 个星号
    i += 1
    s = s + i                            ♯影响循环条件的迭代语句
```

上面代码的输出结果如下:

```
*
**
***
****
*****
******
*******
```

除了使用迭代语句影响循环条件来结束循环外,还可以通过输入结束符号结束循环。

下面求"Python 程序设计"这门课程的总成绩、平均成绩、最高分、最低分。该实例中由于不能够确定考试的人数,所以只能使用结束符号−1 结束成绩的循环输入。

```
Total = 0                               ♯变量 total 存储总成绩,初值为 0
Count = 0                               ♯变量 count 存储录入成绩的人数,初值为 0
print("请输入学生成绩,以 − 1 结束成绩输入!")
♯变量 Num 存储录入成绩,初始值为第一个学生成绩
Num = int(input("请输入一个学生成绩:"))
♯Tmax 和 Tmin 存放最高分和最低分,初值为 Num
Tmax = Num
Tmin = Num
while (Num!= − 1):                       ♯循环语句,当输入 − 1 时循环结束
    Total = Total + Num
    Count = Count + 1
♯如果新输入的数据大,则替换之前保存的最大值
    if(Tmax < Num):
        Tmax = Num
♯如果新输入的数据小,则替换之前保存的最小值
    if(Tmin > Num):
        Tmin = Num
    Num = int(input("请继续输入下一个学生成绩:"))♯提示用户继续输入成绩
    Tavg = Total/Count                   ♯计算平均成绩
print("一共输入{0}名学生的成绩,最高分是{1},最低分是{2},总成绩是{3},\
平均成绩是{4}".format(Count,Tmax,Tmin,Total,Tavg))
```

上面代码的输出结果如下:

请输入学生成绩,以 − 1 结束成绩输入!

请输入一个学生成绩:56
请继续输入下一个学生成绩:78
请继续输入下一个学生成绩:89
请继续输入下一个学生成绩:34
请继续输入下一个学生成绩:-1
一共输入 4 名学生的成绩,最高分是 89,最低分是 34,总成绩是 257,平均成绩是 64.25

四、AI 循环语句错误示例

AI 在生成包含循环的代码时,有时会出现边界错误。例如,我们输入指令用"Python写一个判断正整数的质数的函数,要求遍历 2 到平方根之间的所有数":

```python
def is_prime(n):
    if n <= 1:
        return False
    # 检查 2 到平方根之间的数
    for i in range(2, int(n ** 0.5)):              # × 错误点:循环结束值未 +1
        if n % i == 0:
            return False
    return True
print(is_prime(25))
```

运行这段代码,输出 True,但是 25 不是质数。仔细观察代码,发现循环语句边界错误,for 循环语句结束的条件 range(2, int(n ** 0.5))'的范围是 i < sqrt(n),例如当 n=25'时,sqrt(25)=5,但循环只会遍历到 i=4,漏掉了能整除 25 的 i=5。将语句修改为 range(2, int(n ** 0.5) + 1),再次运行程序,输出结果为 False。

从上面的例子可以看出,对 AI 生成的代码不能无条件信赖,而是要进行全面测试,尤其要特别注意循环语句边界值的处理。

参 考 文 献

[1] 刘琳媛.区块链技术在我国金融市场的运用和监管研究[D].上海：上海财经大学,2020：21-38.

[2] 崔葳.区块链在政务服务中的应用研究[D].南宁：广西民族大学,2019.

[3] 王红.基于物联网技术的社区家庭老人健康实时智能监护系统的研究及实现[D].淄博：齐鲁工业大学,2016.

[4] ai_weixin_3307623172.自动语音识别(ASR)技术的原理及过程[EB/OL].2020-08-13/2021-08-10. https://blog.csdn.net/weixin_47292020/article/details/107993703.

[5] 小枣君.什么是承载网、核心网和接入网[EB/OL].2020-08-11/2021-08-10.https://www.zhihu.com/question/325934238.

[6] kingdoooom.区块链技术理念与工作流程[EB/OL].2018-04-17/2021-08-10.https://blog.csdn.net/kuangsonghan/article/details/79971912.

[7] 曾建平.人民观察：信息时代的伦理审视[EB/OL].2019-07-12/2021-08-10.http://theory.people.com.cn/n1/2019/0712/c40531-31229370.html.

[8] 郑志刚,刘丽.信息技术基础教程[M].北京：北京理工大学出版社,2017.

[9] 陆灵明.初中信息技术优秀教学案例评析[M].成都：西南交通大学出版社,2018.

[10] 信息技术说.你所不知道的信息技术发展史[EB/OL].2019-09-03/2021-08-10.https://baijiahao.baidu.com/s?id=1643666395621875049&wfr=spider&for=pc.

[11] 姚中平,张善杰,李军华.现代信息检索[M].上海：上海交通大学出版社,2019.

[12] 宋诚英,时东晓.网络信息检索实例分析与操作训练[M].北京：电子工业出版社,2017.